鸣虫音乐国

THE SINGING CRICKETS

许育衔〜〜〜〜著

商务印书馆
The Commercial Press

2016年·北京

Contents 目录

作者序：另类的接触　　　　　　　　4

● **Lesson 1　进入鸣虫音乐馆**

听虫在唱歌　　　　　　　　　　6

打开鸣虫音乐史　　　　　　　　8

● **Lesson 2　音乐家的演化身世**

直翅目鸣虫的共同特征　　　　　12

鸣虫辨识大考验　　　　　　　　14

蟋蟀、螽斯、蝗虫的快速识别法　16

浑然天成的弦乐　　　　　　　　19

鸣虫的家　　　　　　　　　　　20

● **Lesson 3　音乐家的生活史**

不完全变态的生活史　　　　　　24

产卵　　　　　　　　　　　　　27

冬季的告别演出　　　　　　　　28

● **Lesson 4　优秀音乐家名录**

洞蟋真相　　　　　　　　　　　30

蝼蛄　　　　　　　　　　　　　32

黑脸油葫芦　　　　　　　　　　34

南方油葫芦　　　　　　　　　　36

黄脸油葫芦　　　　　　　　　　38

双斑蟋　　　　　　　　　　　　40

花生大蟋　　　　　　　　　　　42

迷卡斗蟋　　　　　　　　　　　44

尖角棺头蟋　　　　　　　　　　46

石首棺头蟋　　　　　　　　　　48

短翅灶蟋　　　　　　　　　　　50

姬蟋　　　　　　　　　　　　　52

日本松蛉蟋　　　　　　　　　　54

亮褐异针蟋　　　　　　　　　　56

斑翅灰针蟋　　　　　　　　　　58

斑腿双针蟋 60

日本钟蟋 62

铁蟋 64

树蟋 66

奥蟋 68

优兰蟋 71

云斑金蟋 72

弯脉蟋 74

小黄蛉 76

双带金蛉蟋 78

墨蛉 79

长翅纺织娘 80

日本纺织娘 82

悦鸣草螽 84

黑膝草螽 86

似织螽 88

日本条螽 90

竹草螽 92

● **LESSON 5** 网罗优秀音乐家

户外的发现与采集 94

观察与采集的装备 96

各种栖息地的捕捉技巧 98

● **LESSON 6** 打造鸣虫音乐国

鸣虫的饲养 102

饲养环境的重要性 103

营造饲育环境 105

饲育环境的布置 108

环境造景范例及管理 112

饲养箱的保养及维持 114

食物的补给 116

遛虫 117

参考文献 119

【作者序】
另类的接触

我喜欢用五官感受大自然的美，每到一处山光水色之地，都会嗅嗅属于那个地方的味道、听听虫鸣鸟叫蛙鼓，常流连忘返于如仙境般的意境。

昆虫的世界里，蝴蝶翩翩飞舞，五彩缤纷，视觉上几近完美，似乎无可挑剔。萤火虫黑夜间的漫天飞舞，也是一种美，但光芒若能多些色调，会更美不胜收。童年的我曾捕捉飞舞的黑翅萤，将其发光部位用笔涂上七彩颜色，结果并没有像预期般有七彩的光芒，反而成了一只暗淡的虫子。蟋蟀的声音也曾让我觉得单调乏味，若能够发出Do-Re-Mi-Fa-So-La-Si的音调，该多完美。

直到1999年秋天，听到日本钟蟋（铃虫）的声音，我的看法改变了。从那一刻起，我开始积极寻找曾经听过及未听过的虫声。到目前为止，虽然仍没有找到发出Do-Re-Mi-Fa-So音调的蟋蟀，但已深觉直翅目鸣虫是十分有趣的小宠物，在此将这些年来累积的台湾直翅目鸣虫的声音、生态、观察饲养及多年来对小虫子的感情等集合成《鸣虫音乐国》这本书，和大家一起分享。

第一次和鸣虫邂逅的特殊经历是在八年前，一只蟋蟀跑到我的床边，在我入睡前发出格外引人注意的声音，我闭着眼仿佛躺在自然星空下，当木床摇晃，声音便停下来，过一阵又再响起，听着听着便入梦了。从那天起，蟋蟀每夜陪我入眠，某日我突发奇想，该是朋友见面的时候了。我小心翼翼地接近，只见它一溜烟地钻进壁缝，还不时探探头，似乎在嘲讽我逮不着它；如此经过数日的拉锯战，我拿了一个苹果核放在地上，以美食诱惑，果真如我所料，它马上趴在苹果核上大快朵颐；再度接近时，不知是美食当前还是接受了我的友谊，它并未闪躲。于是我迅速用透明罐子一盖，捉住了它，它激烈地跳了两下便又啃起苹果核来。晚上将它放在玻璃瓶中，入睡前，它又开始发出声音。三个多月后的一天，声响停了，我知道该是道别的时候了，隔日将它放在草中，它卷着须走到草堆中，我以感谢及祝福的心情和它说再见。这样难忘的另类接触经历，希望能通过本书的出版，让更多人了解鸣虫的美好。

LESSON
1

进入鸣虫音乐馆

听虫在唱歌

在自然界中，能发出声音的昆虫，皆可称为"鸣虫"。不过昆虫和其他动物发出的声音有所不同，例如哺乳动物、鸟类等发出的声音主要由声带鸣管震动，再由口中发出，昆虫则多以摩擦来发出声响，如蟋蟀、螽斯是以左右两翅摩擦发出声音；蜜蜂、虻、蚊子、苍蝇在飞行时，振动双翅，发出嗡嗡嗡的响声；蝉通过腹部鼓膜振动摩擦发声；天牛以头胸摆动摩擦发出声音；和蟋蟀、螽斯类同属直翅目的蝗虫类昆虫，起飞时后腿和前翅摩擦也会发出声音。

然而，在众多会发声的昆虫中，最适合当成宠物饲养，并且从中得到乐趣的，莫过于直翅目的蟋蟀及螽斯。它们除了具有吸引人的声音外，每当呼朋引伴、求偶或战斗时，所表现出的丰富肢体语言及声音节律变化也令人叹为观止。

可惜很少人会认真聆听鸣虫的鸣声，或许是因为它们多半隐身在夜晚的幽暗处，常常闻其声却难见其形，难以观察辨识。不过长久以来在

从发育角度看，直翅目鸣虫属于不完全变态，也就是若虫经由蜕皮而到另一成长阶段，没有经历蛹期，有别于蝴蝶、萤火虫及独角仙等完全变态的昆虫，其饲养和取得很容易，可作为不完全变态昆虫的生态教材。

台湾南部，斗蟋蟀一直是很重要的娱乐消遣之一，每年七月甚至还会举办盛大的斗蟋蟀擂台。如果换个角度来观察、聆听这些昆虫，静静欣赏它们振翅发出各种平和、高亢的声调，或进一步追踪与观察它们的生态习性，将会带给我们许多意想不到的启示及乐趣。

虻、蝇及蜂类由振动的双翅发出声音（图为食蚜蝇）。

蝉通过腹部鼓膜振动摩擦发声（图为绿色草蝉）。

和蟋蟀、螽斯同属直翅目的蝼蛄也会发出声音。

螽斯、蟋蟀借由一对前翅的摩擦来发出声音（上图为黑脸油葫芦，下图为悦鸣草螽）。

打开鸣虫音乐史

蟋蟀罐"树下拜寿"。
清朝人常将一些故事或吉祥的主题画于罐上。

历史上有关鸣虫的文献记录可追溯到两千年前或者更早以前。以东方来说，中国以农业立国，观察季节气候变化与自然万物的关系，是一般百姓生活的重要课题。《诗经》中描述"五月斯螽动股，六月莎鸡振羽。七月在野，八月在宇，九月在户，十月蟋蟀入我床下"，就能看出古人观察鸣虫，对于它们在不同时节的活动早已细致入微。

鸣虫的饲养可追溯到唐朝，当时宫中宫女众多，日子多半无聊，养鸣虫成了寄情之所在，尤其令她们感同身受的是，笼中之虫，犹如宫中之女，踏入宫中，将终老一生。这种嗜好风行日久，连王公贵族及文人雅士也加入聆听鸣虫的行列。到了清朝，鸣虫早已是一种怡情养性的玩物，每当年

小葫芦设计精巧可爱，上方精雕处为通气孔，下方透明处可观察鸣虫的活动，底部则可打开以方便清洁内部及供应食物。

木框玻璃盒，盒外镶有白色花纹，左边有一机关可以打开，玻璃可以像抽屉般自由活动，凸出部分则为食物及对外出入口；右边可见雕花通气孔，底部则为白色，可以清楚地观察鸣虫的活动。

节，赏听虫鸣成了王公贵族喜好的重要活动，也因此鼓励了许多能工巧匠，他们制作了许多精致的鸣虫工艺品，像葫芦罐、陶罐、竹笼、金笼等。

一只小小秋虫常被文人赋予感伤情怀的意境，其中最有名的是唐朝诗人杜甫的《促织》："促织甚微细，哀音何动人。草根吟不稳，床下夜相亲。久客得无泪，放妻难及晨。悲丝与急管，感激异天真。"除了文学作品外，鸣虫也在书画及工艺品中时有所见。台北故宫博物院收藏的艺术品翠玉白菜，上头就爬着栩栩如生的螽斯。

聆赏鸣虫的饲养风气由宫廷普及至民间后，也跨海东传至日本。

竹制的小虫笼，细致精巧，养起鸣虫别有一番味道。

鸣虫饲养于笼中的历史由来已久，除了聆听它发出的声音，也可以欣赏其振翅时的英姿。笼中的日本钟蟋正奋力展翅鸣叫。

日本文学名著《源氏物语》中有一章就是以日本钟蟋（铃虫）为题描述的：“（铃虫之声）犹如风拂摇玲，优雅可听。……秋意凄凄虽可厌，铃虫音声却难弃。”日本人对于铃虫情有独钟，任何书中只要出现铃虫，那悠悠吟鸣的意境也仿佛萦绕耳际。

除了鸣声受人欣赏外，斗蟋蟀的风气也由来已久，中国宋朝就曾陷入前所未有的斗蟋风潮，“蟋蟀宰相”贾似道集合前人及自身斗蟋蟀的经验，创作了关于喂养蟋蟀的《促织经》，成为斗蟋蟀文化在中国历史上盛行一时的重要见证。

竞技场内斗蟋蟀

蟋蟀的打斗行为很常见，但只有同一种类的蟋蟀才会互相开打，这是雄蟋蟀宣示主权的一种行为。雄虫会为了势力范围及争夺雌虫而互相攻击，落败的一方马上逃开；如果雌虫对于前来示好的雄蟋蟀没有好感，会踢后腿来驱赶对方，此时如果雄虫较为强势，则会追着雌虫跑。人们便是利用蟋蟀的斗性，发展出历史悠久的斗蟋蟀文化。

关于斗蟋蟀文化，有一说是始于唐朝武则天，当时武则天命宫女捕捉蟋蟀，聆听鸣声，其中有一只蟋蟀从盆内一跃而上，跳入另一只蟋蟀的盆子，顿时发出尖锐的声音，武则天被声音吸引，往内一看，原来这小东西还会打架！将一部分蟋蟀倒入其他蟋蟀的盆子，果然发生激烈的打斗，武则天看了拍手叫好，于是常命宫女到花园中捕捉蟋蟀，观看它们打斗。这样的活动也渐渐传开，直到现在依旧盛行不衰。

双斑蟋是台湾南部农暇时的娱乐活动“斗蟋蟀”的主角。

擂台上的主角乌龙仔（双斑蟋），看它们打斗的英姿，又推又咬，甚至超过日本的相扑选手。

音乐家的演化身世

直翅目鸣虫的共同特征

　　蟋蟀、螽斯属于节肢动物门昆虫纲直翅目，除了和一般昆虫一样，身体由头部、胸部、腹部组成，头部长有一对触角，胸部除了有两对翅膀及三对足外，还具有下列特征：

　　1. 虫体较坚韧，成虫的前翅较厚且硬化，后翅为较薄的膜质，展开似扇形。

　　2. 前胸背板大而显著，通常呈鞍形。

　　3. 雄的成虫一般在前翅具有发音器，雌虫则在腹端有产卵瓣；雌、雄虫皆有听器。

　　4. 具有锋利的大颚，属于咀嚼式口器。

　　5. 具有粗壮有力的后腿，善于跳跃。

前翅坚硬，后翅为膜质，后翅纵脉和身体平行，因此有直翅目之称。

将后翅展开或飞行时，折叠的直翅则呈扇形。

雄虫的前翅较不平整，基部附近有发音器，前胸似马鞍。

12

侧面看前胸及翅缘。

将口器的上唇盖打开，可见一对
锋利的大颚。

雌虫前翅平整，腹端具有凸出的产卵瓣。

直翅目鸣虫的动物界分类地位（以本书介绍对象为主）

　　昆虫分类，我们可经由其外表形态来做一区别；而直翅目的昆虫，有许多会
发出声音，因此外形相仿、难以辨识的种类，也可通过其鸣声来加以辅助辨认。

动物界 ████ 节肢动物门 ████ 昆虫纲 ████ 直翅目 ████ 螽斯亚目 ████
████ 蟋蟀下目 ████ 蝼蛄总科 ████ 蝼蛄科
　　　　蟋蟀总科 ████ 蟋蟀科、鳞蟋科、蛛蟋科、蛉蟋科
████ 螽斯下目 ████ 螽斯总科 ████ 螽斯科

鸣虫辨识大考验

　　试试看，在这一页的图中，您能否区别出哪些是蝗虫，哪些是螽斯，还有蟋蟀在哪儿？如果您辨识无碍，那么您已是一位直翅目辨识高手；若辨识有困难，那么请继续阅读，接下来的介绍，将让您对它们有更进一步的认识。

1.蝗虫（林蝗）　　　　8.螽斯（悦鸣草螽若虫）

2.蟋蟀（斗蟋的若虫）　9.螽斯（掩耳螽）

3.蚱（菱蝗）　　　　　10.蟋蟀（花东海滩蟋蟀）

4.蟋蟀（日本松蛉蟋）　11.螽斯（似织螽）

5.蝗虫（稻蝗）　　　　12.蟋蟀（弯翅蟋）

6.蟋蟀（斑翅灰针蟋若虫）13.螽斯（优草螽）

7.蜢（多恩乌蜢）　　　14.蟋蟀（铁蟋）

蟋蟀、螽斯、蝗虫的快速识别法

蝗虫的触角比较短。

螽斯的触角长，常超过身体的长度。

　　蟋蟀、螽斯和蝗虫皆有粗壮且长的后腿，加上其跳跃的样子，乍看之下，这三种昆虫还真有些相似。不过不要紧，只要掌握以下几个构造上的不同，就可以很容易地区分出来。

触角：蝗虫的触角短，蟋蟀的触角长，螽斯的则更长，螽斯、蟋蟀的触角长度甚至超过身体的长度。

产卵瓣：蟋蟀的多呈管状，螽斯的似长剑状或镰刀状，蝗虫的则是短钩状。

听器：蟋蟀和螽斯的在前脚胫节上，而蝗虫的在腹部两侧。

发音器：蟋蟀和螽斯以二前翅靠近基部的弹器（下）和弦器（上）摩擦产生声音，有些蝗虫则以前翅基部和后脚摩擦发出声音。

左／蟋蟀的听器长在前脚的胫节上。
右／将蝗虫的翅膀掀开，可看到听器的构造。

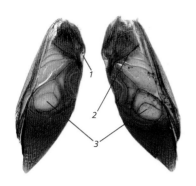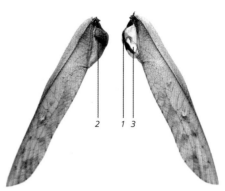

蟋蟀的前翅，左翅位于下方，右翅位于上方，发音位置由（1）弹器的振动摩擦（2）弦器翅脉，产生声音，声音在（3）镜区产生共鸣，有助于音量的扩大。

螽斯的前翅，左翅位于上方，右翅位于下方，发音原理也和蟋蟀相同，由（1）弹器的振动摩擦（2）弦器翅脉，产生声音，声音在（3）镜区产生共鸣。

如何区分雌、雄虫及若虫（以黑脸油葫芦为例）

雄虫：最特别处是位于前翅的发音器，以肉眼观察，可见到许多复杂的翅脉，因此前翅是不平整的，只有雄虫才会发出鸣声。

雌虫：可看到腹端有一产卵瓣，是雄虫及幼龄若虫所没有的。俯看雌虫前翅平整，不似雄虫有许多皱褶。有些蟋蟀的雌虫翅膀已退化，或者可能较短，甚至没有，因此和若虫需做区别。

若虫：若虫前期，无论雌雄都没有前翅；到了若虫后期，才可见到翅芽的发育形成，而雌虫的腹端则可看到发育中的产卵瓣。

雄成虫：可看到发育完成的前后翅，前翅翅脉明显，表面不平整。

雌成虫：雌成虫的最大特征为腹端有一产卵瓣，前翅表面则平整。

左/前期若虫体形较小且没有翅芽。

右/后期雌若虫腹端可看到开始发育的产卵瓣及翅芽。

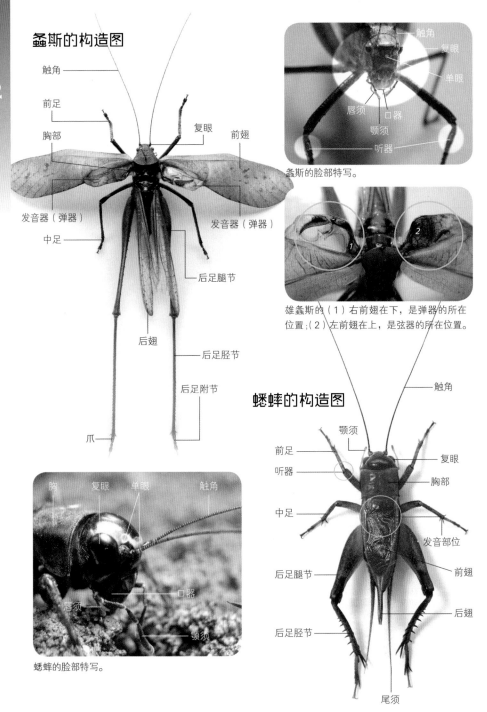

螽斯的构造图

触角

前足

复眼

胸部

前翅

发音器（弹器）

中足

发音器（弹器）

后足腿节

后翅

后足胫节

后足附节

爪

触角

复眼

单眼

唇须

口器

颚须

听器

螽斯的脸部特写。

雄螽斯的（1）右前翅在下，是弹器的所在位置;（2）左前翅在上，是弦器的所在位置。

蟋蟀的构造图

触角

颚须

前足

听器

复眼

中足

胸部

发音部位

后足腿节

前翅

后足胫节

后翅

尾须

胸

复眼

单眼

触角

唇须

口器

颚须

蟋蟀的脸部特写。

浑然天成的弦乐

　　直翅目鸣虫的最大特征，当然就是雄虫特殊的发音器。雄虫在完成最后一次蜕皮后的1至2天内便开始发出声音，蟋蟀类多以左翅内缘弹器摩擦右翅下面的弦器（左翅在下，右翅在上），如此一张一合地发出声音；而螽斯类的雄虫发音则多是以右翅内缘的弹器摩擦左翅下面的弦器（左翅在上，右翅在下）；有些种类再经由摩擦的强弱及身体的摆动振荡，可产生不同的节奏。

　　螽斯类鸣虫所发出的声音，听起来不像蟋蟀类那样多变且柔和，有些种类的音量非常大且尖锐，在安静的野外，一千米内尚可听见其鸣声。因此，要观察纺织娘及巨大拟矛螽之类的大型螽斯，最好在野外进行，若将其捕捉饲养，可能会造成家人或邻居的困扰。

显微镜下黑脸油葫芦的右翅弦器齿突。

鸣叫中的黑脸油葫芦。蟋蟀类大多以左翅的弹器(左翅下)摩擦右翅的弦器(右翅上)而发出声音。

为了艺术？为了爱？

　　雄虫的发声，主要是为了找寻伴侣，雌虫经由雄鸣虫的呼唤，寻得它的位置，前来进行交配；除此之外，二雄相遇也难免争打一番，打斗时发出的声音又急又高。因此由声音除了可区别鸣虫的种类，熟悉各种声音表达，更能了解鸣虫的各种行为。

鸣虫的家

直翅目鸣虫的族群分布广泛，尤其是地处热带及亚热带的台湾，只要温度许可，在不下雨的日子里，几乎全年皆可听见它们的鸣声。由于种类繁多，其鸣声出现的时间也随之不同，但是大部分的鸣声多集中在春、夏、秋三季。

至于鸣虫栖息的地点，从树上到地下都有，只要是不受严重污染（刚喷农药的土地）及过度都市化（柏油路、水泥地等）的地区，几乎都有它们的存在，甚至在都市大马路上种植花木的安全岛或路边的行道树，也能闻其声。我曾经在台北县中和中山路二段的路旁，听见双斑蟋（乌龙仔）的声音，并且连续鸣叫长达两周。观察四周环境似乎没有其生存的空间，能在车水马龙的都市街头存活两周且有余力鸣叫，真不可思议。

直翅目鸣虫根据栖息环境不同大致可分为地栖、草栖、树栖之类，而地栖鸣虫又可分为居住于地底、草地、林地边缘、石砾地等几种。一般来说，生活于树或高草的种类，其生活环境须相对

杂木林由地面到树上的垂直空间里孕育着无数的生物，林缘向阳处的石堆下是油葫芦喜好的栖身地点（3～5月），落叶之下栖息着尖角棺头蟋（5月），树干及低矮叶上则有无翅奥蟋（5月）、双带金铃蟋（7～10月）、弯脉蟋（7～11月），冬天则有台湾奥蟋在较密集的叶中或树干上活动，优兰蟋则在枯木或树洞中栖息着。

通风；生活于石砾地的种类则喜干燥环境；而生活在草地者，则对于湿气耐受度较高，甚至于有栖息于小池塘或积水边的鸣虫。

地栖型鸣虫

它们多半在地上或地下活动，地上活动的种类，产卵于距离地表约3至5厘米深处，地下活动的鸣虫则将卵产于洞中浅处。观察多样的土地周边环境，又可分成以下类型：

地底栖鸣虫 会掘洞将自己隐身于地下，后腿跳跃能力不强，但拥有很好的掘地洞技术，如蝼蛄、花生大蟋等。

草地栖鸣虫 常于乱石草堆中生活。草丛保护它们的活动，石堆成为其安栖的休息环境。它们的后腿跳跃力强，如蟋蟀科的鸣虫。有些种类脚的胫节很发达，行走能力很强，如日本钟蟋。

石砾地栖鸣虫 生活在干河床边或裸露石砾的地上，常于石间小缝隙

尖角棺头蟋在林缘周边的落叶下栖息。

密生的龙眼叶是褐奥蟋的栖地，不平整的树干表皮则是其延续后代的温床。

密生的竹林中，上层叶子有螽斯及鳞蟋类，中层枝干则有螽斯及双带金蛉蟋，下层土地及周边有棺头蟋、油葫芦等。

出没，如斑腿双针蟋、迷卡斗蟋。

　　林地边缘栖鸣虫 林地或山坡下方的落叶堆及腐叶层是它们的活动栖地，山区道路两旁常可听见其鸣声，它们的后腿跳跃力也很强，如尖角棺头蟋、日本松蛉蟋。

草栖型鸣虫

　　密生的草是鸣虫掩身的好地方，草的叶及种子也是鸣虫的最佳食物来源之一，同时草也是其繁衍后代的温床。如禾本科的叶鞘，是许多种草栖螽斯的产卵处。菊科的鬼针草草茎组织间，是树蟋产卵的地方。草栖型鸣虫有如黑膝草螽、云斑金蟋、小黄蛉、墨蛉等。

树栖型鸣虫

　　生活在树上的鸣虫，基于繁殖需要，会选择合适的树木栖息其间，它们将卵产于朽木、树皮（树栖蟋蟀）或叶间组织（树栖螽斯）以延续下一代。树栖蟋蟀大部分会在自己出生地的附近活动，树栖的螽斯成虫则有较佳的飞行能力，活动范围较广。树栖鸣虫一生大部分时间在树间活动，如奥蟋类、弯脉蟋、优兰蟋、日本条螽、黑膝草螽都是这一类的鸣虫。

虫虫危机

　　人类大肆开发，造成环境剧烈改变，使许多生物的生命延续遭受威胁，都市化也扼杀了大量生物。直翅目鸣虫的生命力虽然很强，但赖以生存的栖地若一再被破坏，仍将造成无可挽回的结局。或许人类在都市化的同时，也该思考如何运用技术，留些绿地，给当地生物一个得以存活的家园。

人工铺碎石地的石头空隙中可见到斑腿双针蟋等地栖型蟋蟀。

LESSON

3

音乐家的生活史

不完全变态的生活史

蟋蟀和螽斯属于不完全变态的昆虫，经过多次的蜕皮，逐渐发育为成虫，每蜕一次皮就长大一龄，一生没有蛹的阶段。依种类的不同，蜕皮的次数各不相同。从卵孵化开始称一龄若虫，若虫的样子很像成虫，初期若虫没有翅，随着虫龄的增加，身体慢慢变大，翅会慢慢长出，而雌虫也会由腹端长出产卵瓣。其成长速度与温度及光线有关，长日照、高温会刺激鸣虫的生理活动机能旺盛，于是成长较快，而在气候冷凉及短日照的冬天，则会大为降低。成虫在春夏秋三季的种类及数量较多，冬天则较少，

会掘洞的蟋蟀在气候较冷时会躲藏于地面下，有些则以卵或若虫过冬。

孵化

当若虫由卵破壳而出，就是一个新生命面对世界的开始。孵化时间也受到温度及光线的刺激而影响卵的生理，有些种类一年只有一个世代，也就是一年内完成一次生活史，如尖角棺头蟋；有些鸣虫一年有两个世代，如树蟋；还有长达两年才有一世代的，如优兰蟋。

成长与蜕变

孵化出来的若虫，开始面对新世界的竞争，初期若虫在成长过程中，由于体形小，涉世未深，容易遭受异类或同类的攻击，对于恶劣的气候，也没有太强的抵抗力。

在蜕皮进行前，虫儿会找一个隐蔽且牢固的地方，将脚固定于粗糙面或

1. 日本钟蟋的卵长约2.6毫米，卵尖附近可清楚见到黑色眼点，表示快要孵化了。
2. 正破壳而出的小日本钟蟋，六肢及触角尚未舒展。
3. 肢体开始慢慢展开。
4. 前肢开始有攀附的动作，触角开始展开。
5. 破壳而出的若虫，约过3小时后体色才变成黑色。

蜕变全记录
（以纺织娘为例）

1.蜕皮前先找坚固的草，用脚紧紧抓住。

2.由前胸产生裂隙，并慢慢将头及身体由旧躯壳中挤出。

3.半脱出的身体以倒挂方式悬空着，旧躯壳必须承受身体重量，由此可见蜕皮前将脚固定于草茎工作的重要性，否则可能在此步骤时掉落地面。

4.再将身体往上弯，前肢抓住旧躯壳以利于下半部躯体蜕出。

5.刚蜕出的身体稍作休息后，再将旧躯壳吃掉。

草、石砾上，然后展开长达1至2小时或更久的蜕变，这期间对于外界的干扰是无力招架的，例如可能因固定位置的着力点不够，被风或突如其来的大雨打落，造成无法脱离旧躯壳而死亡；也有可能被饥饿的同类或异类攻击。蜕皮成功后，它的身体将比以前大许多而且更有力气，对于未来捕食行动或逃离敌人的攻击有很大的帮助。

成虫

蜕变为成虫后，雄虫的前翅成了其最重要的特征，借由前翅发出的声音和做出的动作来表达情谊并展现雄伟的肢体语言。

雌虫的特征则是产卵瓣，产卵瓣的形式有许多种，如管状、剑状、刀状、镰刀状等，其功能是帮助产下的卵安全到达土地或植物组织内。卵因为受到地面或植物的保护，减少直接和外界接触所产生的伤害。

雌雄虫相遇时，雄虫会大跳求偶舞并发出柔情的声音来吸引雌虫，进而顺利完成其延续后代的任务。

完成蜕皮的日本钟蟋，会将自己的旧躯壳吃掉，以补充蜕皮过程中所消耗的体力。

刚蜕完皮的油葫芦是脆弱的，即使置于人类手中，它也没有能力逃离。

树丛中的弯脉蟋刚蜕完皮不久，在林间跳跃，其全新的前翅上，隐约可见到黄色的斑点。

产卵

鳞蟋类在树干的表皮腐朽部位产卵。

鸣虫因种类不同,产卵地点也大异其趣,例如地栖型蟋蟀将卵产在土壤中,鳞蟋类将卵产于组织较软的朽木夹缝间,悦鸣草螽将卵产于禾本科的叶鞘中,树蟋则产于草茎上,还有一些螽斯将卵产于叶间组织。雌虫产下的卵,经过一段时间,就会孵出小小的若虫。

黑脸油葫芦产卵后,留下许多产卵瓣插入沙土中的痕迹,图中可见到六个浅黄色的卵,其中4号卵清楚可见。

黑脸油葫芦产卵时,会将产卵瓣试探性地插入土中,一旦找到适当地点后,才会将产卵瓣没入土中将卵产下。

雌虫的各种产卵瓣

刀状(悦鸣草螽)产卵于叶鞘

中管状(弯脉蟋)产卵于朽木

镰刀状(日本条螽)产卵于叶间

长管状(黑脸油葫芦)产卵于沙土

短钩状(日本纺织娘)产卵于树木枝头间

冬季的告别演出

　　昆虫在低温的冬天活动大为减少，也就不易发现其行踪，通常直翅目鸣虫在15摄氏度以下就十分少见了。冬季的夜晚，大概只能听到如台湾奥蟋等较耐低温的鸣虫声音。此外，优兰蟋成虫也出现于冬季，但其耐冷的功力可不像台湾奥蟋那么好，每当寒流来临时，优兰蟋就躲藏于树皮或洞中以避低温，当温度回升时，才又会听见其鸣声。

　　其他的鸣虫如何过冬呢？会掘洞的蟋蟀常躲于洞中以避寒冬及不必要的干扰，草底蟋的若虫将洞穴筑于向阳且干燥的草丛沙质地下，

草底蟋的成虫每年出现一次，但以若虫形态过冬，气温回升时，会出来活动。晚间或气温低时，则在地下掘洞，且会用土覆盖洞口。左图的若虫正在掘洞，右图则在洞口警戒。

掘洞之后会将洞口以沙土封住；迷卡斗蟋则会利用天然的石缝或利用大石头下方及较黏的土地以建构其洞穴，有时亦会将洞口封住或露出一个小洞以利于警戒；螽斯会躲在密生的低草丛中躲避寒风吹袭。

　　大部分的鸣虫在秋天产卵后会渐渐死亡，其后代则是以卵的形式度过寒冬，等到来年的春天，才由成熟的卵孵化出若虫，之后经过多次的蜕皮，成为成虫。台湾北部的日本钟蟋就是以卵的形式过冬。悦鸣草螽则将卵产于禾本科的叶鞘，等待温暖的天气再度孵化。

台湾北部的日本钟蟋在秋天将卵产于土中，经过寒冷的冬天，在第二年的五月开始孵化。

LESSON
4

优秀音乐家名录

洞蟋真相

　　这一章所介绍的鸣虫都可以在台湾看到，目前世界上发现的蟋蟀种类约有3000种，台湾有100多种，在螽斯方面则世界上有10000余种，台湾已知有100多种。其实，在我们生活的周遭还有许许多多的种类尚未被人们发现，或许在未来，您也可以发现更多不同种类的直翅目鸣虫。

优兰蟋常栖息于树洞、树皮或木头缝隙之间。图中的主角，不知是不是被突如其来的光线打扰，也如我一样好奇地看着另一个世界。在探索自然生物的世界时，有时必须进入不可及之处，才能获取进一步的了解。

导读说明

标题：以鸣虫的中文名称出现。

鸣虫照片：以雄虫的照片为主。

科别：鸣虫所属科别。

别名：其他出现的俗名。

成虫的常见季节：出现的季节。

鸣叫时间：一天当中最常发出鸣声的时间，例如白天或夜间。

特征：对于鸣虫形体及主要特征的描述。

分布及栖息环境：曾经发现的栖息地，由大环境至小环境的描述。

声波图：声波图形的应用有助于鸣虫声音的快速记忆，利用图像和声音的相互搭配学习，比较容易认识鸣虫。

声波图形解析：以时间（横轴）由左而右渐渐加长，作者一般截取9～10秒钟，音量大小强弱（纵轴），由中央向上下两方向等量递增，音量越大（强），则由0向上下增加，音量越小则向中央集中。

声音评价：作者对各种鸣虫声音的主观感受，以星号★评价，星号越多表示声音悦耳程度越高，一星则表示作者感觉音量极大、不悦耳或音量极小。由于声音悦耳与否有时较为主观，因此，此处评价仅供读者参考。

另类接触：作者和各种鸣虫的首次接触、捕捉、饲养的历程或感想，通过作者的亲身经验，或许有助于初学者入门。

　　通过以上种种描写及声音的传达，希望有兴趣的朋友能更进一步认识直翅目的鸣虫。

鸣叫时间（单位：秒）

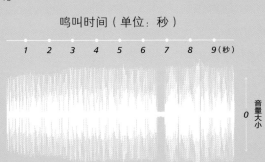

音量大小

蝼蛄

Gryllotalpa sp.

科别： 蝼蛄科

别名： 肚扒仔、肚猴、土狗

成虫的常见季节： 春季

鸣叫时间： 白天，主要在下午，黄昏尤其明显。

特征： 体长约35毫米，前方两对足特化成耙状，具有掘土功能，胸背呈圆弧形，具后翅，身体暗褐色。

分布及栖息环境： 分布于中国、印度等国家和东南亚等地区，在中国台湾广泛分布于平地及低海拔山区。

声波图：

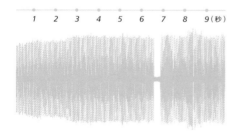

1 2 3 4 5 6 7 8 9（秒）

由声波高度可知音量大致一样；每秒间声波密集，表示振动频率快速。

声音评价： ★★★

音量中等，有规律的快速鸣声，但长时间聆听则稍嫌单一无变化。

另类接触：

在孩童时期曾经问邻居的长辈，地底在叫的究竟是什么东西，他们回答是"蚯蚓"。这个答案在我心中放了好多年，直到初中时，有一次在家中庭园的花盆底下，又听到那声音，好奇的我想看看蚯蚓鸣叫时的样子，拿起花盆却看到长得怪怪的虫子，它以很快的速度钻入土道中，在好奇心的驱使下，我用铲子挖掘，但始终找不到它。当时"鸣叫的蚯蚓"在我心中产生很大的疑问，于是仔细在家附近找那声音，也很快确定鸣声的来源，我确认它的位置后，用铲子往下

蝼蛄生活于地下，每当被挖出时，它会很快又钻入土中。

蝼蛄有一对特别的耙状前足，能很快地将土往两侧拨开。

挖，它果然爬了出来。伸手抓住它的前胸，只感到它挣扎的力气不小，将其放置在有土的塑料袋中，它马上就钻入土中。

直到几年前，又捉到一只蝼蛄，用玻璃容器饲养着，由于它会分泌出一种令人不悦的味道，不到一星期就把它放走了。在这期间发现它所挖的地道不算短，仔细看看其长相，也很可爱，耙状的前足会挖土，这是很特别的一点，不过它的后腿没有蟋蟀那样粗大，且多见其在地上爬行，一遇到土就要往下挖，长时间都待在地下的洞穴，若将其挖掘的地道破坏，它会很快重新挖掘地道。

在春天时，很容易听见由地下发出的蝼蛄声音，当我们踩在地面上，震动的声音会很快传到它周遭，而它的声音会马上停止。因此若要观察它的特殊形态，可在四至五月间到郊区寻找，除了听音辨位外，还必须轻步缓移地逼近，才能找到它的位置。

蝼蛄的饲养观察，可以用透明玻璃容器或小昆虫箱，里头的沙土放二分之一或四分之三的高度，将蝼蛄放入箱内，它会拼老命似的往下挖，一下子就会隐没于沙土中，过一会儿您检查容器底部，将可见到蝼蛄所挖的地道。蝼蛄属于杂食性，在野外它以植物的嫩芽或嫩根为主食；饲养时，可以把番薯切小块埋于土中，供给它食用。

蝼蛄挖地道不只一个方向，也会向周边延伸。图中为玻璃容器中的饲养观察。

黑脸油葫芦

Teleogryllus occipitalis

科别： 蟋蟀科

别名： 乌头眉纹蟋蟀、阎魔蟋蟀、油葫芦

成虫的常见季节： 春、秋两个季节

鸣叫时间： 白天、夜间

特征： 雌雄虫体长15～25毫米，身体呈黑色或黑褐色，复眼间有黄褐色倒八字眉形斑纹。

分布及栖息环境： 广泛分布于亚洲温带及热带区域，在台湾从平地至中海拔山区的山坡地、草地、石头边缘及下方都找得到它们的踪影。

声波图：

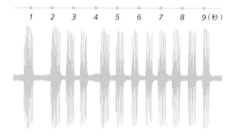

声波图有有规律的间距，仔细观察鸣叫时的每一小波段，虽然密集，但可看出有许多小间距，说明在鸣叫时会产生抖动的声音。

声音评价：★ ★ ★ ★

音量中等，有规律的快速鸣声，但长时间聆听则稍嫌单一无变化。

年轻的成虫，在前翅下可见到皱缩的后翅（箭头所指），与身体呈直直的平行排列，且超出前翅及身体甚多，脱落后展开固定如右上图，是膜状具网脉的飞行翅。

另类接触：

黑脸油葫芦的分布似乎是台湾头到台湾尾都有，而在我住的地方，不论是后边的山坡或是溪旁，总可以听到那敢爱敢恨的声音。每年的三月初，天气好的黄昏至晚上，左一声，右一声，常常可听到雄虫呼唤雌虫的声音，有时亦可听到突如其来的尖锐驱赶声，这种声音多半要么两只雄虫争风吃醋，要么是为了地盘而大打出手。像这种雄虫相遇的戏码，似乎是短暂的，因为很快就可分出胜负，败的一方也会很快逃走。

要观察黑脸油葫芦飞翔的状况，

黑脸油葫芦、南方油葫芦、黄脸油葫芦的脸谱比较（由左至右）

乌黑的头及身体，黄褐色倒人字眉纹，下脸部为黑色或大部分为黑色，脚为黑色。

棕色的头及身体，淡褐色的倒人字眉纹，下脸部及脚为淡褐色。

脚及复眼周边至下脸部被较宽广的黄褐色包围，黑色头及黄褐色脸交接处亦呈倒人字形。

建议在三月份到台湾北部的山坡地上走走，常可看到受到惊吓而跳跃高飞的黑脸油葫芦，但这样的景致是不会持续很久的。它主要是以强而有力的后腿跳跃，再以后翅的展开来进行飞行及滑翔，通常飞行几次后，两个后翅会自动脱落，因此我们在野外看到的黑脸油葫芦，多半只有前翅。要捕捉观察黑脸油葫芦，通常只要听到它的声音，在附近的石头下方或草地下几乎都可以找到，而若虫在野外也一年四季都可看到。

　　黑脸油葫芦非常适合当成入门的蟋蟀来饲养，杂食性的它对于饭粒、茄子、叶菜、鱼饲料等容易取得的食物都不挑嘴。只要有一公一母，放在装有高3厘米的沙土容器中，再加上石头、枯木等可以藏身的栖地，就可观察其生态，例如雄虫的鸣叫、雌雄的交尾、雌虫的产卵、幼虫的孵化及幼虫的蜕皮和成长等，一年中可能有两至三个世代。

黑脸油葫芦的若虫在台湾北部四季皆可看到，若虫无翅，全身呈黑色，走在短草地上，常可见其往周边窜逃。捕捉后，不妨仔细看看其脸部，在复眼上方有一道很像眉毛的纹路，它的名字就是由此而来，不过它的长相和南方油葫芦、黄脸油葫芦有些类似，要区分它们，除了声音外，也可由脸部纹路的分布来区分。

南方油葫芦

Teleogryllus mitratus

科别：蟋蟀科

别名：白缘眉纹蟋蟀、阎魔蟋蟀、油葫芦

成虫的常见季节：春、夏、秋三个季节

鸣叫时间：夜间

特征：雄虫体长25~29毫米，身体棕色，头圆，复眼上方有近似眉形的白色花纹，前胸背板两侧片下缘白色。雌虫体形相当，前翅平顺，产卵瓣长约25毫米。

分布及栖息环境：普遍分布于亚洲温暖及热带区域，台湾的族群分布广，在中低海拔可听见其鸣声，常栖息于地面的石砾缝隙间。

声波图：

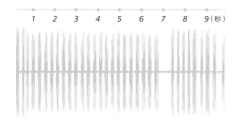

由声波图可看到一段接着一段的声波，发音时的声纹紧凑，和休止时间几乎等长，因此产生一种快而顺的单一节奏感。

声音评价： ★★

南方油葫芦在野外要发现并不难，由于其音量大而洪亮，因此较适合在野外观察。

另类接触：

在台湾北部的蟋蟀种类当中，南方油葫芦的体形算是大的，在五六月份入夜后，是众多蟋蟀当中的主唱之一，声音明确且音量大，在野外十分容易观察。

第一次看到它的模样是在夜里的山中荒废道路，其音量很大，仿佛就在耳边不停鸣着。当手电筒光源转向它所在的位置，那振振作响的双翅并没有停歇，我趋近脚步，它也不慌张害怕，光线在它身上散发的反光，就好比是舞台上的明星。蹲下身看了许久，再以食指触触地上，它停了一下，转了一圈，又开始表演，就这样

鸣叫中的南方油葫芦。快速摩擦着双翅，这种情形在野外常常可以看见。至于要捕捉它似乎是轻而易举的事，只要听到它的声音，几乎可见到它在石头或裸露的地上，张着它的前翅鸣叫着，对于人们的慢慢轻声接近毫无畏惧之意，只要在夜间用虫网捕捉法，几乎都能将其捉住。

沉迷地观察了好一阵子，它努力鸣叫的样子宛如刻痕般留在我的脑海中。

　　南方油葫芦的饲养观察也是相当有趣的，雌虫能在短短的一个半月内产卵，并且孵化出许多小油葫芦宝宝。小油葫芦的食物和成虫的杂食性大致一样，夏天成长速度快，可以看见其蜕皮、觅食的可爱模样，是观察蟋蟀生态的好教材。

刚孵化的南方油葫芦若虫在沙堆活动，
它的体积似乎只有沙粒的几倍大。

蜕两次皮的小蟋蟀，
身上有一条明显的白纹。

黄脸油葫芦

Teleogryllus emma

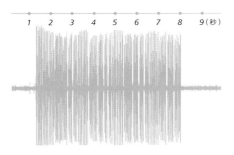

科别：蟋蟀科

别名：北京油葫芦

成虫的常见季节：夏、秋两季

鸣叫时间：夜间

特征：雌雄虫体长19～25毫米，身体为褐色或黑褐色，头圆形，脸部呈黄色，触角及基部四周为黑色，头顶黑色油亮，和脸部交界处呈倒人字形，前胸背板及前翅背面为黑色或黑褐色，前翅左右侧颜色淡黄或褐色，脚和尾须长，颜色为黄褐色。

分布及栖息环境：中国、日本等地均有，在中国台湾地区分布于中低海拔山区道路周边的短草地或裸露土石及茶园之间。

声波图：

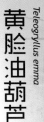

声音可持续好几秒，没有间断，而就在百分之一秒声波间产生许多小间隔，在人类耳朵听起来，这种快速而有间隔的声音，是快速抖动的声音。

声音评价：★ ★ ★ ★ ★

多在夜间及清晨鸣叫，声音以"柔情似水，缠绵悱恻"来形容很贴切，其颤音似深情的表白，委婉动听，可连续不断地鸣叫。

另类接触：

在台湾北部的蟋蟀种类当中，偶尔开车经过路边草地或茶园会听到它的鸣声，只觉得那声音很美，尤其抖动的声音真是好听，因此抱着特别期待的心情，希望能看到它的庐山真面目。

有一天傍晚，我在溪畔听到了那美妙的声音，真是感动不已，首先拿起录音机，录了约三分钟后，再翻起鸣声来源处的石头，因为溪畔的石缝很多，只见黑影一闪，马上钻到其他的石缝，而捉虫心切的我也显得手忙脚乱，心想或许可以将其逼到溪水之中，再将它捞起。说时迟那时

只要给予适当的照料，黄脸油葫芦就会以美妙的声音来回报饲主。

快，就在翻石头的瞬间，不知它是反应快还是运气好，只见它一跃再跃，活像是武侠小说中练了轻功的主角，一溜烟就不见虫影。不过我一不做二不休，用和刚才一样的姿势和动作，再翻石头，结果还是不见它的踪影。就这样，天色渐渐黑了，回去拿手电筒，再次回到现场，果然鸣声又起，依然是那样动人，我再次渡过溪水，并将稍早前的录音打开，意图使其产生共

鸣。这回多了一个手电筒，两手都没有闲着，只好左手拿网子，朝着石缝口，手电筒放在网子后，石头一翻，终于很顺利地手到擒来。

乍看之下，黄脸油葫芦和其他油葫芦很相似，但仔细看其脸部，它的复眼被黄色的部分包围着。在饲养期间，每每到了夜晚，可听到"唧——吕吕吕吕——"的鸣声。黄脸油葫芦在中国大陆也是非常受欢迎的鸣虫，尤其"——吕吕吕吕——"的抖音拖得越长，越受欢迎，常以"九转油铃"来形容连续抖音达到九次的油葫芦，而抖音达到十三次，则以"金声玉振"来形容这种难得的小虫。虽然我到目前为止，尚未找到"九转油铃"或"金声玉振"的黄脸油葫芦，但它的声音已足以让我感受到余音绕梁的美妙了。

黄脸油葫芦鸣叫时，若感到周遭环境有威胁，有时会暂时停止鸣叫，但翅不会马上收平，而是呈现半开半合的状态，待危机解除后它才又放声高鸣。

双斑蟋

Gryllus bimaculatus

科别： 蟋蟀科

别名： 黄斑黑蟋蟀、乌龙仔、赤羌仔、双斑黑蟋蟀、花镜油葫芦、双斑油葫芦

成虫的常见季节： 春、夏、秋三个季节

鸣叫时间： 夜间

特征： 体长约26毫米，头部、前胸背板及身体和三对足均为黑色，翅基具有黄斑。除了黑色外，还有另一种棕色型，其体色多呈现亮褐色，而对比之下翅基的黄斑也不像黑色型那样明显。

分布及栖息环境： 东南亚各国、北非及地中海沿岸各国、中国、日本等地普遍分布，在中国台湾的道路、边坡、草地或农作区都找得到。

声波图：

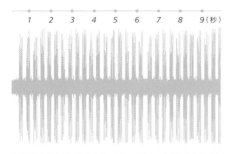

可见声波密集而扎实，每一小段细小且间隔少，表示小段中音量大而不间断的声音。

声音评价： ★

多于夜间鸣叫，其音量大，声音尖锐，不适于聆听，在台湾中南部以其作为斗蟋蟀的主角。

另类接触：

在台湾南部的田野中，常可听见双斑蟋的鸣声，其族群数量不少，它和花生大蟋若出现在农田中，常危害农作物，因其锋利的大颚会将植物的嫩芽或根部破坏。但利用这种蟋蟀的斗性，也常是台湾中南部农闲时的娱乐。

然而在台北的山野地，我找不到双斑蟋，对它们的印象是在水族馆中。一个大塑料桶里布满了撕碎的报纸，一只又一只肥肥的双斑蟋的若虫就生活在其中，虫子的密度

以猫胡须刺激，容易挑起双斑蟋的斗性，这也是台湾中南部农闲时的娱乐。

水族馆中的饲料蟋蟀，以报纸当垫料，它们将成为其他食虫动物的食物。

从水族馆买回的双斑蟋若虫，很少跳跃，如果多给予一些纤维性食物，对其活动力的改善会有帮助。

很高，在桶底或碎报纸上蹒跚地爬行。当我想低身看清楚时，只听见"刷——"蟋蟀身体摩擦碎报纸发出万头攒动的声音。它们是中大型鱼的上等佳肴，也是爬虫类宠物的食物，它们有生之年不愁吃喝，但长到若虫后期却成为其他食虫动物的食物。

我们可以到水族馆买几只来观察，但若要以聆听声音为主，则需考虑它们发音时的大音量及高频率了。它们的饲养也是杂食性，不挑嘴，刚从水族馆买来的双斑蟋，最好能多补充草或其他纤维性食物及野外的泥土，这样对它们的健康会比较有帮助。

棕色型的翅呈红棕色，又称赤羌仔。

花生大蟋

Tarbinskiellus portentosus

科别：蟋蟀科

别名：台湾大蟋蟀、土猴、土伯仔、肚扒仔、大蟋蟀、巨蟋、大油葫芦、大土狗

成虫的常见季节：夏、秋两个季节

鸣叫时间：夜间

特征：雄虫体长32~45毫米，全身黄褐色，胸及前翅则为黑褐色，雌虫的产卵瓣短。

分布及栖息环境：中国、菲律宾、印度尼西亚、中南半岛、印度等亚热带及热带国家和地区均有分布，常栖息于干燥沙质土的区域，雌雄皆会掘洞。

声波图：

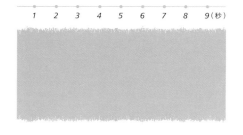

由声波图可见，密集且持续，声波没有变化，无深刻的小间隔，花生大蟋的鸣声可以这样持续好几分钟而完全不停止，音量超大。

声音评价：★

花生大蟋的声音"唧——"连续不停，声音变化小，音量大，其体形大，捕捉时充满乐趣，不失为乡土户外教学的良好教材。

另类接触：

第一次见到花生大蟋是在数年前的中横之旅，当时只觉得它和其他种类的蟋蟀比较起来，真的个头很大。

至于第一次捕捉则是在台东的岩湾山上，在地面上找到许多花生大蟋的土冢及地洞。它们一年中出现的时间大约从清明开始，一直到秋天之后，当天气渐渐转凉，成虫也完成产卵的任务，短暂的生命会陆续结束。而其产下的卵在洞穴的土中，约一个月后会孵化出小小的蟋蟀，经过冬天的成长，在春夏时长大成虫，又周而复始在夏天大声鸣叫。

在台湾中南部乡村，"灌土猴"的活动是大家共同的童年回忆，将水灌注到洞内并维持水满状态，等到停止灌水后，它会爬到洞口探头探脑，那种可爱模样让人印象深刻。利用这样的方式，第一次捕捉花生大蟋的我，顺利带回六只大蟋。刚放入水族箱中的它们，会马上以前足及下颚、头顶挖土、推土，并且努力地将自己隐身于土壤下层。最令人惊讶的是，当它们挖到一定的程度，会先将洞口用土覆盖好，然后再继续往下挖，之后的沙土也会用额头如推土机般推到洞口处。这就是我们在地面上常常看到的土冢，如果受到人为或其他外力的破坏，它们也会马上修补洞口，而洞口有时也不止一个，甚至可发现两三个洞互通。

那次的台东之旅虽然是在中秋之后，还是发现了不少花生大蟋的土冢及用过的洞穴，这些洞穴正是孕育无数小蟋蟀的温床，来年的春天想必又会热闹非凡。

花生大蟋是目前已知台湾体形最大

花生大蟋栖息的洞穴。

的蟋蟀，属杂食性，多半在晚上觅食，观察饲养时以两尺高的水族箱为佳，因为它会挖很深的洞，沙土的铺设至少需高20厘米。花生大蟋一放到水族箱内，会马上往下挖，若不受到干扰，它会长期居住在里面，只有到了晚上，雄虫才会爬至洞口，发出巨大的声音。当雄虫及雌虫在洞穴内死亡后，容器中的沙土依然要保持水分，三至五个月后会有许多小蟋蟀从土中钻出，而这些花生大蟋的宝宝也和父母一样，天生有挖洞的好本领。

花生大蟋正将洞口补满，将自己隐身于大地之中。

较少上层植被覆盖的土地上比较容易发现花生大蟋的洞穴。

迷卡斗蟋

Velarifictorus micado

科别：蟋蟀科

别名：土虫、蛐蛐、和尚头

成虫的常见季节：夏末及秋季

鸣叫时间：夜间

特征：雄虫体长15～18毫米，头大，圆突饱满，后头有短纵纹数条，两侧单眼间有一条弧形的横纹，两触角间有一黄点，其中有一单眼。前胸背板呈长方形，后方两侧具有两个浅斑，前翅不超出腹端，翅端圆弧形。雌虫体长19～20毫米，前翅退化得比雄虫短。

分布及栖息环境：广泛分布于中国、日本、俄罗斯及北美，常出没于土堆、石头及花盆下方、岩壁缝，会掘土洞而居。

声波图：

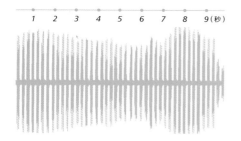

| | 1 | 2 | 3 | 4 | 5 | 6 | 7 | 8 | 9 (秒) |

规律的波形，鸣叫和停止的时间相当平均，因此有明快的节奏感。

声音评价：★★

声音短而有力，节奏犹如快速吹哨子的"哔、哔、哔、哔"声，有战斗的感觉，且声音可持续不断。

另类接触：

斗蟋在中国北方又称蛐蛐，在全国各地每年会有数以万计的蟋蟀，在不同的竞技场上被围观、注视、喝彩，而获胜的蟋蟀主人可以得到金牌或奖旗，一只好的斗蟋身价不凡。

我曾看过一篇报道，自古以来山东宁阳县的蛐蛐就是著名的贡品，因为此地的蟋蟀个大体壮，又加上骁勇善战，有"江北第一虫"的美誉。每年的八月中下旬开始，会有全中国数以万计的斗蟋蟀爱好者前往此地收购，曾经有一只斗蟋的身价竟然比六头耕田用的牛还贵，这实在令人难以

迷卡斗蟋挖的洞，位于土质坡地的洞穴通常较深，沙 雌虫的前翅明显比雄虫短了许多。
地则较浅。

想象。不过由于大众的喜爱，斗蟋蟀的活动从唐朝到现代一直延续不断。

八月末的野外常可听见迷卡斗蟋发出的声音，它的声音短而有力，节奏整齐，有战斗的感觉，声音可持续不断。这种蟋蟀的跳跃力及避敌的功夫也不错，它们通常躲在石缝间、花盆下方的天然洞穴或掘洞而居，并将洞口以土堆挡住，雄虫领域性强，洞穴中只容得下一雄虫或一雄一雌。

初次捕捉它是在河床岩地的缝隙间，可能是岩地加上旁边的岩壁折射其声波，显得鸣叫声特别大，引发我观察捕捉它的兴趣。当我越过那干涸的溪床试图接近它时，只见光滑的岩面上有一条细缝，当时判断它必在其中，只是

接近时声音却停了，低身拿着手电筒一照，果然一只小虫子正微微举着前翅，在狭小的缝隙中动也不动。当我再次有了动作，只见它迅速地往内钻去，进退两难的它卡在缝隙当中，我将网子盖在缝隙上，双膝夹着手电筒，右手拿着细枝，将其往外驱赶，只见它爬了出来，到了缝口朝着光线的方向一跃，就落入虫网中。

迷卡斗蟋的饲养用昆虫箱或水族箱皆可，容器内沙土高约3厘米，上方再放置石头，它们会在石头下挖掘洞穴作为隐蔽处，而食物的供给如同杂食性蟋蟀一般即可。

迷卡斗蟋的雄虫正呼叫石头下面的雌虫。

尖角棺头蟋

Loxoblemmus angulatus

科别：蟋蟀科

别名：大扁头蟋蟀、阿扁头蟋蟀、角脸蟋蟀、棺头蟋

成虫的常见季节：春季

鸣叫时间：白天

特征：突出的锥形角头，额扁平，两侧突出，触角基节有细长指状突出。前翅短，末端钝圆，不超出腹端。雄虫体长12～16毫米，雌虫体形较大，翅短，没有雄虫那样突出的锥形角头。

分布及栖息环境：中国多地均有，在台湾多生活在中低海拔林地及道路边缘的落叶层。

声波图：

声波密集，每一小段声波时间及音量不规则，声波间隔深刻，人类耳朵可听见快速如"滴、滴、滴"连续的声音。

声音评价：★★★

声音堪称细致，发声时节奏及鸣叫时间有一些变化，音量中等，整体听来不是一成不变的单调节奏。

杂木林缘或林中的落叶下，是尖角棺头蟋的栖息处。

另类接触：

　　"滴滴滴滴……"连续又快速的声音，这是尖角棺头蟋发出的声音，成虫出现的时间从每年五月份开始，到七月份声音就少了许多。它的声音算是好听的，音量不大，不像小扁头那样尖锐，其族群在台湾广泛分布于中低海拔林缘。

　　初次见到它，除了被它的声音吸引，它的长相更是让我大吃一惊，由上方俯看时，那尖锥形又发亮的头，真的好像一口棺材的前顶，难怪又叫"棺头蟋"。它在林地的跳跃力似乎不错，因为林缘有许多的枯叶树枝，是最佳的隐身场所。

　　由侧面观察它，雄虫有一个扁扁的脸，头部的顶端仿佛戴了一顶高帽，长相很特别，而雌虫的头不像雄虫那样突出。

　　尖角棺头蟋的适应性似乎不像石首棺头蟋那样好，最好捕捉后能够放在铺有沙土的容器中，那样更会鸣叫。

　　饲养观察以昆虫箱及水族箱为佳，沙土高3厘米，上方除了用植物、石头造景外，再多加一些枯叶以利于它们躲藏及栖息。食性为杂食性，可给予杂食性蟋蟀的食物。

尖角棺头蟋雌虫，不像雄虫那样有突出的锥形角头。

石首棺头蟋

Loxoblemmus equestris

科别：蟋蟀科

别名：小扁头蟋蟀、棺头蟋蟀

成虫的常见季节：春、夏、秋三个季节

鸣叫时间：日夜皆鸣

特征：雌雄虫体长14～16毫米，身体棕色。雄虫头前端圆突，额宽且扁平，有明显的倾斜，触角基节具三角突出，头部后大多有四条淡黄色短纵线。雌虫头小无突出，翅部狭窄有纵脉。

分布及栖息环境：普遍分布于世界各地，在台湾多半生活在中低海拔草地、林缘间的枯落叶或坡地土石下。

声波图：

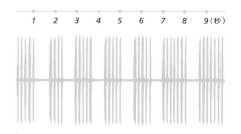

1 2 3 4 5 6 7 8 9 (秒)

声波高度整齐，每小段声波及停顿时间一致，可听见规律的节奏。

声音评价：★★★

声音节奏犹如"句句句句句——句句句句句"，在不受干扰的情况下，可持续鸣叫一段时间。和其他蟋蟀比起来，音质感觉较粗糙，但别有一番风味。

另类接触：

当时间进入四月时，只要到台湾北部郊外走走，常可听到一群石首棺头蟋的鸣声，尤其是位于森林边缘，其声音"句句句句句——句句句句句"常常是连续的鸣叫，稍加留意即可发现原来它们的声音这么多。

若仔细观察它的长相，真的还有些奇怪，扁扁的脸正如其名，打破了我对蟋蟀类长相的刻板印象，之后又见到了尖角棺头蟋，那种截然不同的头形和印象中的蟋蟀更是大大的不同。就这样，石首棺头蟋及尖角棺头

石首棺头蟋、尖角棺头蟋和黑脸油葫芦的头形比较（由左至右）

石首棺头蟋及尖角棺头蟋有扁扁的脸，尖角棺头蟋的头顶则特别突出，犹如戴着高帽一般。

黑脸油葫芦的脸部及头呈圆形。

蟋推翻了我习以为常的想法，以前以为所有蟋蟀的头形都是圆圆的。

　　捕捉石首棺头蟋也不是难事，只要以听音辨位的方式，在附近草丛的土堆或石头中找找，应该不难发现其踪影，但动作要小，以免造成它因惊吓而乱蹿。石首棺头蟋的适应力也很好，刚捕捉到也随即鸣叫，黑夜及白天皆鸣，如果在一个饲养容器中放入三至四只，可能从早到晚皆可听见其鸣声。

石首棺头蟋的脸部较平，常躲在森林边缘的枯叶下或草丛的石砾中。

短翅灶蟋

Gryllodes sigillatus

科别： 蟋蟀科

别名： 灶蟋、灶鸡、家蟋蟀、灶马蟋

成虫的常见季节： 全年

鸣叫时间： 夜间

特征： 雌雄虫体长15～17毫米，头圆，胸部方形。雄虫前翅短，约占腹部的二分之一。雌虫前翅退化，体色淡褐色，后腿基部略向外。

分布及栖息环境： 广泛分布于世界各地，在台湾以中低海拔地区分布多，多出现在近人类住屋周边的草地或石头下方、水泥缝隙或水沟盖边缘的缝隙中。

声波图：

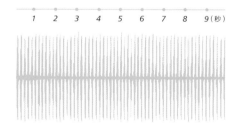

鸣叫和停止时间一样，发声时声波细长而且有规律。

声音评价： ★ ★

"唧唧唧唧……"快速连动的声音，音量中等。

另类接触：

短翅灶蟋是蟋蟀中比较特别的一种，因为它们生活的地点和人类非常接近，正如它们的别名"灶鸡"的含义，古时冬天的夜里，常可以在炉灶边的柴堆或缝隙中听到其声音，"唧唧唧唧……"连续不断，犹如小鸡的声音，因此才有灶鸡之称。

我对鸣虫的兴趣起源于多年前床底下的那只短翅灶蟋，它的鸣声深植在我的脑海中。不过要发现短翅灶蟋，反而在有人烟的地方会容易些，例如乡下房舍周边石头下方的缝隙、水泥缝隙或水沟盖边缘的缝隙。

短翅灶蟋常出现在房舍周边的石头下方缝隙中。

最近一次和短翅灶蟋的接触是在三月初的花莲吉安乡，当时骑着摩托车，听见路边有许多灶蟋的声音，似乎马路两旁的水沟盖内都是。骑了一段路后到达县立体育场时，那里也都是灶蟋的声音。当晚和朋友用过晚餐后，就拿着手电筒往体育场骑去。

以听音定位后，手电筒一照，果然水沟盖边有两只短翅灶蟋，看来都是雄虫，它们互相呼应着，但看到了光线，马上就停止动作，当我灯一熄，不久它们又开始鸣叫。当天去得很急，没有网子等工具，只好徒手捉虫，而徒手捉虫失败的概率很大，正在考虑是否放弃的瞬间，看到了身旁的竹炮杆，二话不说，去头，折一半，将细长的竹炮杆往缝隙插入，从左右两边逼近，最后竹炮杆呈V字形逼迫着灶蟋，不知是逼得太快还是下手太重，它的选择竟是一跃而上，我本能地闭起眼睛，张开眼时它已

不知去向。不过幸好还有一只在旁边，这回我的捕捉动作和前次一模一样，只是放慢了逼近的速度，果然，当竹炮杆再次呈V字形时，它慢慢地走了出来，而且向着光线走来，我将其引导至旁边的水泥地，双手合掌一围，将其困于手中。之后的半小时顺利捉了三公一母，也和往常一般，带回去观察。

饲养观察之后发现，雌、雄虫的尾须都很长，三只雄虫平均体长17毫米，而雌虫体长约15毫米，加上8毫米的产卵瓣。捕捉后它们当夜就会进食及鸣叫，其适应性似乎很强。而它们的声音也有基本的三种：呼叫音、驱赶音及雄虫遇到雌虫时的鸣声。至于整体的长相，乍看之下有点像蟑螂，但仔细看还蛮可爱的。

雌虫的产卵瓣及尾须都很长，且前翅退化。

姬蟋

Modicogryllus sp.

科别：蟋蟀科

别名：大头、草石蟋

成虫的常见季节：夏、秋两个季节

鸣叫时间：白天

特征：雄虫体长13毫米，身体为黑色，三对足及口部周围为淡褐色。雄虫头后部为暗褐色，两触角间有一褐色横线，翅不超出腹端。雌虫体长约15毫米，头后部有明显亮褐色，和头前半部的黑色成强烈对比，翅较雄虫短。

分布及栖息环境：在台湾分布于低海拔地区向阳干燥的环境，在石砾地的短草地常可听见其声音。

声波图：

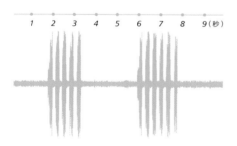

每小段由5～6个声波组成，突然拉高的声波图在短时间又降下，表示声音短但强而有力。

声音评价： ★ ★ ★

短暂有力的连续声音，在白天野外草地上鸣叫着，和其他地栖蟋蟀比起来，声音响得很突出。

另类接触：

　　除了冬天以外，其余时间都看得到姬蟋的踪影，在三月份晴朗的天气里，每次走过自家门口的碎石地，就能看到可爱的若虫活蹦乱跳地出没在自己脚边。说它可爱是因为那大大的头，尤其是雌虫头部的后方，泛着核桃木颜色的光泽，加上额头部位呈黑色，构成了强烈的对比。

　　初次注意到它是被那怪怪的声音吸引，只觉得很响，但稍嫌单调。而捕捉它时竟有种错觉，好像它会抬头看人，可能是由头部的颜色分布产生

人工铺石的地面常成为姬蟋的栖息之所，尤其石间长草后会有更多蟋蟀栖息于其中。

的错觉。只见它边跑边跳，一下子就钻入碎石下方躲避。由于晴天时碎石是灰白色的，而它的身体整体看来是暗色系的，因此不论它如何闪躲，仍是明显的目标物，加上我那长长的昆虫网，它也只能束手就擒。

　　第一次捕捉到的姬蟋，一共是三只雄虫及两只雌虫，因为是雌、雄虫混养，当天就发出鸣叫声。蟋的声音虽然不像日本钟蟋那样美，但其长相和表情令人印象深刻。

当人们走过短草地时，姬蟋若虫常会跃然出现于脚下，下回请留意一下自己的脚步。

53

日本松蛉蟋

Comidoblemmus nipponensis

科别：蟋蟀科

别名：姬蟋蟀、小蟋蟀

成虫的常见季节：夏、秋两个季节

鸣叫时间：白天

特征：雌雄虫体长10～12毫米，身体为黑色。头部小而圆，除了复眼周围、两只复眼间的头顶及触角基部为黑色外，头部周缘为淡黄色所包围。三对足的股节颜色较淡，远端和胫节接触部分为明显的黑色。雄虫前翅不超出腹端，雌虫前翅则只占腹部的二分之一强，前翅左右缘可见一淡黄色纵脉，产卵瓣长约4毫米。

分布及栖息环境：亚洲的中国、日本均有，在中国的台湾多分布在中低海拔地区的山坡地、林地及道路边缘所掘洞穴或落叶层下。

声波图：

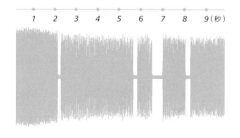

声波密集，波的高度末端有分叉的波形，可感觉声音快速振动。

声音评价： ★★

音量中等且较尖锐，长时间听起来，音调变化不大，属于变化小的声音。

另类接触：

　　夏秋之交，日本松蛉蟋的声音弥漫整个山坡地。它们常喜欢藏匿于枯叶下，也会挖掘浅浅的地道，栖息于其间。成虫在清晨及黄昏时特别喜爱鸣叫。

　　在不曾看过它们的长相前，总觉得带有几分神秘的色彩，因为每到黄昏它们就会发出让人无法忽视的响声。第一次捕捉观察时，每当趴在地上，耳朵贴近山坡地面，声音就停了下来，又因为地面的树叶及蟋蟀都是

日本松蛉蟋的雄虫（上）和雌虫（下）。

将枯叶翻起，可见沙土上隆起的小土堆，拨开后可见日本松蛉蟋挖掘的地道，这里也是它们栖息的地方。

暗色或褐色系，初次接触的我根本找不到它们的踪迹。

　　第二天早上，又走到昨天观察的地点附近，心想它们的鸣声既然这么响亮，在这坡地的族群密度应该也相对很高，于是手持虫网走到山林坡地下，看到许多蟋蟀的若虫在枯叶上跳动，一有动静马上钻入叶间。仔细一看若虫的样子，是完全没有看过的地栖蟋蟀，就这样走了一圈，果然捕到两只雄的日本松蛉蟋。饲养观察时，发现它们会挖平行的浅地道，常在枯叶下方及石头下方挖一可容身的浅沟，同时也在地道当中或堆积如山的枯叶下方鸣叫，因此要在野外看到它们的身影，真的是要大费周章。

日本松蛉蟋的若虫在受到惊扰后，会爬至枯叶上方活动。

亮褐异针蟋

Pteronemobius nitidus

科别：蛉蟋科

别名：草油小蟋、草铃、小油蟋、谷地铃虫

成虫的常见季节：四季

鸣叫时间：白天

特征：头小而圆，雌雄虫体长7～8毫米。雄虫翅端椭圆，不超出腹端；雌虫翅短，头、胸及翅在晴天或灯光下呈现油亮的光泽。

分布及栖息环境：分布于亚洲，日本、中国均有，在中国台湾多半出现在中低海拔潮湿区域，山沟、水泽旁及潮湿草地尤多。

声波图：

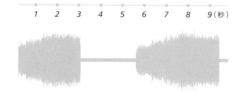

每一小段声波，一开始发音的前二分之一音纹慢慢增加，后二分之一维持一段稳定状况至停止鸣叫，可见前期音量渐强，稳定后维持一定音量，声音的结束会突然停止。

声音评价：★★★

虽然音量不会很大，但声音渐进增强，小有起伏的感觉，在野外听来是此起彼落。

亮褐异针蟋躲在潮湿的小土洞内。

另类接触：

亮褐异针蟋是在短草地上常见的一种草栖蟋蟀，而其踪迹似乎遍布各个公园及野外潮湿的草地，即使是新辟建的公园草地也可以听到它们的声音，可能是卵或若虫随着客土到了公园草地。如果想听亮褐异针蟋的声音，只要到都市中的公园短草地去看看，或许可以发现其踪迹。

亮褐异针蟋是我看到的第一种小型蟋蟀。第一次对它有印象是在小学时期，当初对于昆虫并没有什么特别的认识，只是常常在山中草地上捉一堆虫子，当网子下去时，大小通吃，而装虫的塑料袋也就林林总总装了一些，回家之后将它们放入容器中，其中以绿色稻蝗最吸引我，因为看着它吃草感觉是一件很快乐的事。有一回，当我静静地看着生态箱时，突然听到容器中传来阵阵声音，当时觉得很奇怪，我探头一看究竟，哇，竟然有虫子会发出声音，而且是很小的虫子。当初只感到很新奇，并没有去追根究底，因为蝗虫满足的吃相完全吸引了我的目光。

多年之后，站在昔日捕捉虫子的草地上，听到亮褐异针蟋的声音，仿佛看见小时候的身影，而欣赏虫子的心境已改变了不少。孩提时期对于会动的虫子皆感好奇，如它们吃什么？

或者会不会飞？会不会跳？会不会打架或吃掉对方？这些问题是当时的我感到好玩的；稍长些，虫子的构造及一些美丽的昆虫深深吸引着我；再长大些，才发现虫子的声音是有趣的，因为熟悉它们的声音后，只要在大自然中闭上双眼，闻着沁凉的空气，侧耳倾听，所有的影像都会在脑海中清晰掠过。

湿地及水边常听到亮褐异针蟋的鸣声，这里长满了苔藓类植物，可见其潮湿程度。

斑翅灰针蟋

Polionemobius taprobanensis

科别：蛉蟋科

别名：褐草小蟋、草地铃虫、地蟋蟀

成虫的常见季节：春、秋两个季节

鸣叫时间：白天、夜间

特征：翅黑色，身体褐色，头及胸背有纵线，腿有斑点。雄虫翅端圆，体长约6毫米；雌虫体稍长，翅短，翅两旁有两条褐色纵线。

分布及栖息环境：分布于东南亚地区及中国。在中国台湾，多生活在低海拔的短草地中。

声波图：

1	2	3	4	5	6	7	8	9	(秒)

图中可见一段一段密集的声波，其音量不大，中间有一小段停止，整体听来，感觉是一阵一阵的。

声音评价： ★ ★ ★

有点像电流的声音，听起来是一段一段"吱——吱——吱——吱——"声。

另类接触：

斑翅灰针蟋、亮褐异针蟋、斑腿双针蟋都是在短草地常见到的蟋蟀，而这三种蟋蟀的鸣声中，斑翅灰针蟋声音的间断比较明显，亮褐异针蟋的鸣声较长才有一间断，斑腿双针蟋则是快速地由弱到强，一阵又一阵地鸣着。这三种都是小型蟋蟀，前两者的声音在很多公园

走过草地时，似乎不会有人注意小小的若虫（长约4毫米）的存在。

草地上的地栖蟋蟀

草地上的鸣虫以亮褐异针蟋、斑翅灰针蟋、斑腿双针蟋（由左至右）为主，三者体形相当，栖息环境周边有重叠区域，但鸣声各有特色。

及草地上都可听见，但人们很难发现它们长什么模样，除非很有心地去观察，不然即使看到小蟋蟀从脚下跃过，也浑然不知那是它发出的声音。

对于斑翅灰针蟋没有什么特别的初次印象，只是观察草栖蟋蟀时，有时会拿一把浅色的塑料伞在短草地上走来走去，时开时关，我自称其为"乾坤伞"。在草地上将伞打开，倒着放，再驱赶一下周边区域，就会有许许多多的小虫子蹦到里头，而露螽、亮褐异针蟋、斑翅灰针蟋、斑腿双针蟋、蝗虫、蜘蛛等常成为伞中客。在塑料材质的光滑伞面，蟋蟀类的虫子完全难以行动，因此只要草中的蟋蟀进入"乾坤伞"中，挑出自己想要观察的虫子，就成为轻而易举之事了。

斑翅灰针蟋的生活环境，似乎是介于亮褐异针蟋和斑腿双针蟋之间。亮褐异针蟋喜爱生活在潮湿的草地或

水泽旁，斑腿双针蟋喜欢在短草且干爽的石砾地，斑翅灰针蟋则喜好居住在短草密生的坡地，而在交集区域也常发现三种蟋蟀同时存在。若要饲养观察，创造三者交集的环境，再将这三种鸣虫混养，它们是可以和平相处的，但数量及食物必须控制好，才可以营造出一个热闹的鸣虫环境。

将伞放在草地上，再从周边将虫赶入，可见许多大大小小的草栖昆虫跳入伞中。

斑腿双针蟋

Dianemobius fascipes

科别：蛉蟋科

别名：斑铃、花铃、小花针蟋、斑铃虫

成虫的常见季节：秋、冬两个季节

鸣叫时间：白天

特征：雌雄虫体长约6毫米，头部红褐色。雄虫前翅黑色中夹带深褐色，翅短、不超出腹端，约占腹部四分之三，翅端呈圆形；雌虫翅更短，约占腹部一半或不到一半，两翅端呈倒V字形，脚、后腿及尾须可见明显黑白相间。

分布及栖息环境：中国、日本均有，在中国台湾的高中低海拔地区，多出现在有石砾的草地和干燥的短小草坪之中。

声波图：

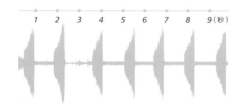

由许多小段的声波组成，每小段由低逐渐变高，表示音量逐渐变大，在声波最高点时停止。

声音评价：★★★

声音一阵一阵，小波段的起伏及休止时间大致保持规律，整体上听来，规律间有些小变化。

小而美的斑腿双针蟋（雄虫），其腿部的斑纹令人印象深刻，堪称是美腿蟋蟀。

在同一时期可以看见成虫及若虫的存在，若虫的体形非常小，初龄若虫在野地几乎难以发现。

另类接触：

斑腿双针蟋是一种很美丽的蟋蟀，腿部的黑色斑点和其他白色的部位成强烈对比，呈现出美丽的花纹。只不过其体形实在太小了，在野外若没有注意，要发现它们还真是难上加难。而且它们又常常躲藏在长有短草的小石砾中，密密麻麻的石砾及缝隙，成了斑腿双针蟋的最佳保护。

虽然它们是白天的鸣虫，但看得到不一定捉得到。记得第一次要动手捕捉时，第一个震撼是，哇，真小

但真美；第二个震撼是，哇，那小小的身躯，却有大大的跳跃力，真是虫不可貌相。不过由于我的穷追不舍，这一只小小的秋虫还是落入我的网中，落入网中后，还是四处躲避，当我用手将网子缩小范围时，只见它小小的圆头猛朝网子的细洞钻。不知是网子有破洞，还是我简陋的网子网孔太大，它的头竟然钻出网子外，那时生怕它跑掉，用手轻轻按了一下它的头，再仔细一看，原来是卡在网孔之中，几经折腾后还是连虫带网将其拿回家，小心翼翼用剪刀将网孔剪开，才将它放入玻璃容器中。

而在往后捕捉斑腿双针蟋的行动中，还是会有此等乌龙事件发生，尤其是体形小的雄虫更会如此，也因为它们很小，跳跃力及躲藏功力也特别厉害，可说是一种难以发现及捕捉的小鸣虫。饲养观察的环境可以在沙土上放些小石头供其躲藏，适合摆在明亮环境，食物则以杂食性蟋蟀的食谱供给。

在小碎石堆中，斑腿双针蟋的踪影难以察觉。图中的雌虫隐身于石砾中。

日本钟蟋

Meloimorpha japonica

科别： 蛛蟋科

别名： 金钟儿、马铃、铃虫

成虫的常见季节： 夏末至秋季

鸣叫时间： 夜间

特征： 雌雄虫体长18～20毫米，身体黑色，头小扁平，似瓜子形状。翅脉清晰，翅宽大，翅端圆，长度超过腹端。触角颜色黑白相间，脚基部一小段和尾须为白色。雌虫身体则较狭窄，前翅不超过腹端，脚基部一小段和尾须为白色。

分布及栖息环境： 分布于中国、日本、印度、菲律宾及爪哇岛等地，在中国台湾多生活在低海拔山区林缘的草丛石缘间。

声波图：

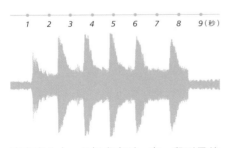

声音变化大，最初发声时，有一段引导的声波，小而密集，接着拉高的声波又缓降而下，如此重复5～8次，声波间可见细纹，即为颤动的声音。

声音评价： ★★★★★

日本钟蟋发出的声音犹如银铃般悦耳动听，尤其在微风轻拂的夜晚，其声音飘忽不定，还有回音之感，宛如梦幻般的天籁，这也难怪它们的声音是中国及日本爱好鸣虫人士的最爱。

另类接触：

秋天是日本钟蟋的季节，如同日本古典文学《源氏物语》中描述的："秋意凄凄虽可厌，铃虫音声却难弃。"日本人甚至认为每年秋天，若没有到野外聆听日本钟蟋，就是"虚度一年"。

在台湾，日本钟蟋的声音出现在夏秋季节，您不妨找个秋高气爽的夜里，到大自然享受那天籁之音。

首次注意到日本钟蟋的鸣声是在1999年的秋夜，银铃般的声音阵阵传入耳中，久久挥之不去。当时尝试找寻其踪影，就是看不到它。我轻步缓移接近鸣声，那种来自四面八方的银铃响声，和着空气四处飘荡游移，尤其微风轻吹时，更令人沉醉。"铃……铃……铃……"那样悦耳，却遍寻不着鸣声的来源。

真正看到它是在2000年秋末的早上，当时在住家旁的山坡上走着，看见一个容器横在小径旁，我用手中锄头顺势翻开仔细一看，见到了一只黑色虫子，心中一喜，因为很可能就是我找寻已久的日本钟蟋。当我捕捉时，可能因为突如其来的亮光，它并没有跳跃和移动，我拱起手掌，很快把它装入塑料瓶。

入夜后，我拿了吃剩的苹果核放在昆虫箱内，并将箱子放在寝室的桌上，希望今夜它会发出声音。直到睡意正酣时，仿佛听到了昆虫箱内发出了声音，可是声响并不是"铃……铃……铃……"的长音，而是短短的"哩、哩、哩"。

隔天晚上它仍发出短音，这时我灵机一动，找出去年所录的日本钟蟋的声音。果然，录音带放了没多久，它开始以长音的形式发出共鸣。仔细观察发现，它的前翅竖起，与身体成90度，声音

雌虫是让雄虫发出美声的动力来源。

的强弱除了由它奋力摩擦的前翅发出之外，身体的前后抖动也大大产生了回音般的效果。这两种短音和长音的形式，其真正的意义并不清楚，值得进一步观察。就这样持续，直到十一月中旬，日本钟蟋的声音停了。日本钟蟋成虫后的生命周期似乎不长，在台湾北部野地的日本钟蟋到了十月中旬只有零星的声音，十一月则很少听见声响。

日本钟蟋鸣叫时，前翅竖起，与身体几乎成90度，加上抖动的身躯，其卖力演出实在值得喝彩。

铁蟋

Sclerogryllus sp.

雄虫发音时，前翅高高举着，几乎成90度，这种行为和日本钟蟋、云斑金蟋十分类似。

科别：铁蟋科

别名：熊铃虫、铁弹子、磬铃、刻点铁蟋

成虫的常见季节：秋季

鸣叫时间：夜间

特征：雄虫体长约10毫米，体黑色，有光泽，头及胸背布满细刻点，触角颜色黑白相间。雄虫前翅到达腹端，三对足的股部远端及胫节以下呈橙色。雌虫体长约13毫米，前翅较短，具数条纵脉；产卵瓣、三对足的股部远端及胫节以下呈橙色。

分布及栖息环境：分布于亚洲地区，在台湾多分布在北部低海拔坡地林缘下方的落叶层。

声波图：

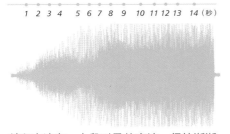

1 2 3 4　5 6 7 8 9 10 11 12 13 14（秒）

前段声波有一小段引导的声波，很快渐渐增加，之后高度维持一定范围，最后可见声波平整的中断。

声音评价： ★★★★

音量小，野外常被其他鸣虫的声音盖过，但在静静的夜里聆听其声音，有种深远广大之感，收尾时突然中断的声音也是其特别之处。

另类接触：

铁蟋看起来似乎有坚硬的铁甲壳，但实际上并非如此，那坚硬的外表其实和一般的蟋蟀是一样的，若有

铁蟋常栖息于阔叶林下的落叶堆当中。图中的铁蟋正躲藏于卷叶间。

雄、雌虫放于同一容器中饲养，在夜里常常可听见雄虫悠悠的鸣声。图中左为雄虫，右为雌虫。

机会看到它，可千万别用手去捏它。而它的声音也必须用心去听才能发现，因为在秋天热闹的夜间，要区分出它的声音是一件困难的事，除了音量小、易被其他鸣虫的声音盖过外，它躲藏的地方也不容易发现。

我发现它的过程可说是非常幸运，第一只雄虫发现的地方是在一片槟榔的枯叶中，由于槟榔树的叶子老化后会从半空中掉落，其叶子基部会有卷缩处，而那只铁蟋就躲藏在其中。当我看见它时，它一动也不动，将叶子拾起，它也只是竖起它的触角，动了动，但也没有逃跑的意图，于是顺手从背袋中取出矿泉水，将水倒尽，以手封住叶子基部，再将卷缩的槟榔叶基部竖起来呈管状，管口对着塑料瓶口，将叶子倾斜至垂直，摇了摇，开始有了挣扎声，它也就这样滑落瓶中。

饲养很多天后，发现它完全不叫，直到一星期后，在野外捕捉到一只雌的铁蟋，将雌、雄虫放入同一昆虫箱后，当天夜里就发出了鸣声。其声音感觉由小音量渐进至大音量，最后像中断似的结尾，在夜半时分听来别有一番滋味。

树蟋

Oecanthus sp.

科别：树蟋科

别名：邯郸、竹铃

成虫的常见季节：春季、秋季

鸣叫时间：夜间

特征：雌雄虫体长13～15毫米，外观纤细，头小，翅宽透明，可明显见到后翅，后翅长，超出腹端及前翅。体色翠绿至黄绿色，长得很像琵琶。雌虫身体看起来比较窄，体色较淡，呈淡黄色至黄色。树蟋科的种类颇多，有的身体呈翠绿色，也有身体呈黄绿色、腹部呈深紫色的种类，但尚未有完整的中文命名。

分布及栖息环境：世界各地皆有不同种类，台湾的树蟋多发现于低海拔地区，主要有树栖及草栖两类。草栖的常在菊科的鬼针草及灌木上活动，树栖的则常在白匏子树上鸣叫。

展翅鸣叫的树蟋，
透明美丽的前翅清晰可见。

声波图：

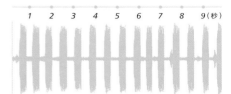

这种身体翠绿的树蟋，其声波由一小段一小段组成，每一段波纹密度高，表示声音扎实有力，听起来没有细致的抖音或颤音。

这种腹部紫色的树蟋，声波快速，间隔时间短，代表发音紧凑，整体听来是快节奏的鸣声。

这种多半出现在树上的树蟋，每间隔一段时间才发出鸣声，每段声波开始较短，后面长，所以音量是逐渐变大，有细微间隔则代表颤音。

声音评价：★★★★

树蟋科蟋蟀的鸣声，在夜里充满生命力，不仅音量大，且富圆润感，扎实有力的声音，从远处听来，清晰可辨。

雄树蟋（上）与雌树蟋（右），雌树蟋的身体较狭窄。

另类接触：

看到树蟋的第一印象是它的声音和体形比例有些差距。初次听到它的声音是在十月底的晚上，开车到了新店的某个别墅小区，突然听到不曾听过的声音，周围路旁坡地陡峭，长满高草及树木，声音就是由陡坡上传出来的。

当我穿戴好装备走向路旁高草，声音并没有中断，随着距离的接近，虫声逐渐充满耳朵。在手电筒光照下，看到路旁高草是鬼针草，靠斜坡则有一大片芒草，声音传自芒草处居多，近身处的鬼针草上也有一只，找了10秒，果然见它具反光的透明双翅挂在草端。当我再次移动，它才警戒地停止振动，但双翅仍然高举；我先吹一口气，看它的反应，只见它慌张地收起双翅，在草端遛了一圈，快速地爬到另一根草端。如此，我有了把握捉它，于是将网慢慢靠近，只见它触角动了动，当网子开口覆盖它的身侧时，用手一拍，虫随即落网。

观察发现，树蟋的动作以攀爬居多，似乎不善跳跃，带回后第三天才听见其鸣声。

树蟋在台湾不止一种，北部低海拔山区还见过腹部紫色的种类以及栖息于树上的树蟋。它们外表相似，但声音都不一样。

饲养观察时以通风良好、四边有网的网箱或爬虫类饲养箱为佳，若用水族箱则要特别注意通风，在箱内放置鬼针草供其栖息，鬼针草茎也是其产卵的地方。食性为杂食，按一般杂食性蟋蟀喂食即可。

奥蟋

Ornebius sp.

台湾奥蟋

科别： 鳞蟋科

别名： 石铃、钲铃、钲叩、吟钲

成虫的常见季节： 褐奥蟋在秋冬季；台湾奥蟋在冬季；无翅奥蟋在春夏季

鸣叫时间： 白天、夜间

特征： 体长10～15毫米，头小而饱满，胸部前窄后宽呈梯形，在显微镜下观察，可见许多鳞毛覆于胸部表面。除了以上特征形态，三种奥蟋也可由下表略作比较。

奥蟋特征比较	褐奥蟋	台湾奥蟋	无翅奥蟋
体色	褐色	褐色	暗黑褐色
前翅排列	右上左下	左上右下	退化于胸下
前翅末端颜色	黑色	红色	退化
前翅颜色	黑色	金色	退化

分布及栖息环境： 广泛分布于世界各地，种类多，在台湾多分布于中低海拔地区密集的树林间。

声波图：

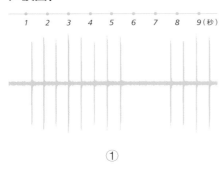

①

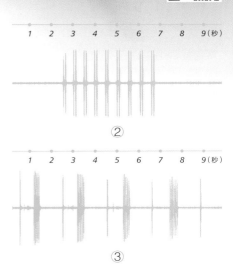

②

③

① 褐奥蟋：可见一个个细长声波，发音和休止大致等长。

② 台湾奥蟋：可见两个两个细长的声波，发音和休止大致等长。

③ 无翅奥蟋：可见一个细长声波，中间夹着一个短小缓冲声波，之后，再有一连串的声波。

声音评价： ★ ★ ★ ★ ★

奥蟋的音质干净清脆，它们常栖息于高树上层间的茂密处，声音细小，必须用心仔细聆听。

褐奥蟋

另类接触：

　　奥蟋在台湾有很多种类，却不知道名字，根据不同的外形、颜色命名，分别有褐奥蟋、台湾奥蟋、无翅奥蟋等，栖地总在高高的树丛枝叶中，常常只闻其音不见其影，又可称为"树丛中的忍者"。

无翅奥蟋

　　初次听到奥蟋的声音是在十一月初的台湾北部山区竹林，当时尝试寻找，但由于它们极为敏感，而且竹子又高又密，只能望竹兴叹。

　　后来在彰化清水岩附近的龙眼园中发现大量奥蟋，当时天色已黑，听音调和北部的类似，"唧——唧——唧——唧——唧——唧——唧"，短则七个音，长则十几个音，在广大的龙眼园中此起彼落。晚餐后专找低矮有虫声的树梢，观察了一个半小时，徒劳无功而返，奥蟋实在太敏感了。

　　第二天早上七点多，仍可听到奥蟋清脆的鸣声，于是走到一棵有鸣声的树

褐奥蟋的雌虫，前翅已退化，不见痕迹。

刚从龙眼树上取下枯枝叶，褐奥蟋似乎没有受到干扰。

雄虫在饲养时常喜欢躲藏于密生的叶间或枝叶中鸣叫。

下，便朝着鸣声处攀爬，快接近树顶时，静静等待约五分钟，突然听见"唧——唧——唧——唧"，发现声音来自树梢上的枯黄叶枝，起身接近时，声音又同步消失，过了约三十秒，"唧——唧——唧——唧"再次出现，循着音源，终于在半卷的枯叶中看见振着短翅的奥蟋。

捕捉观察时发现奥蟋不喜欢跳跃，但善于攀爬，它总是在树梢或叶间，以"溜"的速度移动；当发现它时，只要不将其栖身之处捣乱，它是不会轻易离开的，因此只要能够找到虫影，要捕捉不难。

在此值得一提的是，台湾奥蟋是目前我所知道的鸣虫种类中唯一一种在鸣叫时前翅是左上右下的，和所有其他蟋蟀类前翅的排列相反。

饲养观察以通风良好、四边有网子的网箱或爬虫类饲养箱为佳，若用水族箱则要注意通风。在容器内放置表面不平整的枯木，再将一小段密生的枝叶插于容器中，它们会在其中栖息、产卵。食性为杂食，按一般杂食性蟋蟀喂食即可。

正在鸣叫的台湾奥蟋。

优兰蟋

Duolandrevus sp.

科别： 蟋蟀科

别名： 树蟋蟀

成虫的常见季节： 春季、秋季、冬季

鸣叫时间： 夜间

特征： 雌雄虫体长20～25毫米，头圆，和方形胸部区隔明显，头可灵活转动。前翅短小，约占腹部三分之一；身体红褐色，后腿基部稍向外。雌虫前翅退化，可看到腹节。

分布及栖息环境： 日本和中国台湾地区均有，在台湾多分布于平地林缘和低海拔山区潮湿的杂木林中，尤喜皱缩的枯树皮下及树上的小洞或缝隙。

声波图：

每小段密集的声波，表示扎实有力，而发声时的波段有浅浅的间隙，可知有颤音。

声音评价：★ ★ ★

低沉的鸣声，频率极具变化，声音清晰可辨，尤其在冬夜寂静的山中聆听其音，有"如泣如诉"之感。

另类接触：

优兰蟋的生活史是直翅目鸣虫中较特别的一种，由卵至成虫约需两年。成虫出现的最高峰是在秋冬回暖的天气，成虫常因寒流而躲藏于树洞或枯木中。

只要是温暖不下雨的冬夜，台湾北部山林都可听见其鸣声。对它的初次印象是在幼时一个冬日无风的月夜，窗前的木间缝隙传出一阵阵鸣声，低沉且哀怨，就这样听了好多年，也发现它的声音在不同的季节会有差别，而体形大小和发出的声音也有一些不同。在山中要观察优兰蟋并不难，因为它躲藏的地方常在树干中的缝隙或翻起的树皮之下，只要听到声音，再找附近的缝隙，就很容易发现它。

饲养的食物供给和其他蟋蟀一样，在容器中需加个小竹筒或将木头钻一小洞，这样它更能安心栖身，并且很快地发出鸣声。

云斑金蟋
Xenogryllus marmoratus

科别： 蟋蟀科

别名： 金琵琶、南金钟、褐色灌丛蟋、金蟋、宝塔铃、土铃

成虫的常见季节： 夏季、秋季

鸣叫时间： 夜间

特征： 雌雄虫体长约23毫米，身体为黄褐色，头部背方和前胸背板上有一深色纵纹；翅半透明，上面具有深色斑点，眼部具纵纹数条及两条横纹。雌虫身体较雄虫狭窄。

分布及栖息环境： 日本、中国等亚洲国家均有，在中国台湾多分布于低海拔山区林缘的芒萁丛之干枯基部及广大的芒草坡地。

声波图：

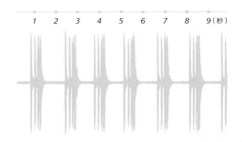

图中可见每小段由两细一粗的声波组成，小段中的第一声波（细）稍长，表示音量较强；声波和声波之间距离短，且在短时间内产生，整体听来，节奏明快。

声音评价：★★★★★

在众多鸣虫当中，云斑金蟋的声音极为特别，它铿锵有力的声音，为秋天增添不少气氛，令人回味无穷。

展翅鸣叫中的云斑金蟋受到惊扰仍高举着前翅。

另类接触：

云斑金蟋的声音早在好多年前就已听过，但始终不见其虫影。常常往返新北市新店与三峡交界的山区道路，每年八月一到便开始经常听见云斑金蟋的声音。有一回晚上七点多经过此道路，沿途有一路段云斑金蟋的鸣声不断，最后实在忍不住虫瘾的发作，爬上了路旁稍陡的岩壁，结果只找到一大堆芒萁及芒草，而声音就由芒萁及枯黄的芒草中发出。回家途中，那声响一直回荡在我的脑海中，却始终没有鸣虫的影像，当下决定一定要会一会这耐人寻味的虫子。

回家之后，就像备战似的准备观察鸣虫的用具，不到五分钟，拿起背袋往山中芒萁堆走去，但就在途中听见远方有云斑金蟋的声音，于是不得不改变我的行走方向，只感觉它的声音越来越接近，而我的脚步也必须放慢、放轻。就这样走到了一个山坡旁，声音也停了，用手电筒照了照，只看见一丛枯草，此时停止所有活动，静静等待它的鸣声，过了屏气凝神的三十秒，云斑金蟋终于打破沉默鸣叫起来，我轻轻转动脖子，

侧耳倾听声音的来源，在约略的位置上，手电筒照了过去，就这样，手电筒轻轻转动，上下左右，缓慢而确切，地毯式地来回搜索好多次，突然眼睛为之一亮，在垂直的枯草堆看到了一只褐色的虫子正奋力地鼓动前翅，它的色泽在手电筒的照射下，呈现金褐色的光泽。就在此时它也停止了声音，但前翅仍高高举着，待网子移到虫子前，把手电筒夹于两腿之间，另一手闪电似的往虫的后方驱赶，只见它跳进网中，我也快速将网口一封，将其引入塑料瓶中，带回去研究一番。

饲养观察以通风良好、四边有网子的网箱或爬虫类饲养箱为佳，若以水族箱为饲养容器则要注意通风问题，最好在箱内放入枯草及芒草，使其有栖息藏身之处，同时禾本科的草茎也是其产卵的地方。其食性为杂食，按一般杂食性蟋蟀偏素喂食即可。

云斑金蟋的复眼上有特别的纵纹，充满神秘感。

弯脉蟋

Cardiodactylus saussure

声波图：

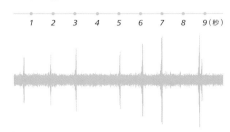

科别：蟋蟀科

别名：丛林蟋蟀、山中精灵、黄斑蟋蟀

成虫的常见季节：夏季、秋季

鸣叫时间：白天、夜间

特征：雌雄虫体长约20毫米，身体呈褐色，头圆，前翅及胸板上有许多黄色斑点。后翅发达，后端齐平。

分布及栖息环境：中国台湾及日本西南部的部分岛屿均有分布，中国台湾的低海拔山区树林中的树干和灌木丛枝叶是其主要的栖息地。

简单的声波，短小细长，可知其音量小且细。

声音评价：　★

乍听之下，弯脉蟋的声音很像咂嘴的"啧啧"声，音短且音量小，数量少时常忽略其存在；当成虫大量出现时，声音会充斥于林间。

八月时常可见到弯脉蟋（雌）终龄若虫。

成虫（雄）在前翅上方有美丽的黄斑。

另类接触：

首次注意到弯脉蟋是因为若虫的模样，观察几个月后，发现其一生的周期和大自然四季的变换十分贴切，从若虫开始出现的春天，经过夏天的成长，秋天可见到大量成虫的活动，到了冬天族群数量又会快速减少。在整个族群的生活历程当中，从若虫至成虫经常都是群聚在一起。到了发生期，走在山径间有时会碰到弯脉蟋成群降落，犹如空降部队般，从人们的头顶上、面前、脚下甚至身上飞奔而下，然后快速移动并躲在树干后或叶背。

成虫最引人注意之处是前翅上特别的黄斑。它们常群聚在树干的凹处，族群的数量非常多，只要有一只开始移动，其他的便会成群地由高往下滑翔及跳动。虽然它们多到好像掬手可得，真的要捕捉却不是那样容易。由于好奇心驱使，手忙脚乱地捉了五只回去观察，发现它们的攀爬及滑翔力很强，所以将其饲养在加盖的两尺水族箱中，养了约两个月才陆续死亡。它们不喜欢待在地上，大部分时间都待在枯木上或水族箱上缘，而且即使两只雄性成虫接近也不会打斗，看来应是可以和平共处的蟋蟀，而其身上的黄斑会随着虫龄的增加渐渐淡去。

弯脉蟋通常不会只出现一两只，若经过山林的树木旁，您不妨仔细打量一下树的周边，通常会有意外的发现。

至于弯脉蟋的观察饲养，其活跃而灵活的动作需要较大的空间，加上敏感的习性，常躲藏于隐蔽处，因而不容易观察。建议您在九、十月时到野外观察弯脉蟋，将会有更多的收获。饲养时以通风良好、四边有网子的网箱或爬虫类饲养箱为佳，若以水族箱为饲养容器则要注意通风问题，在箱内放置枯木供其栖息，枯木的腐质部分也是其产卵的地方。其为杂食性，按一般杂食性蟋蟀喂食即可。

弯脉蟋的发现常常不止一只。图中的若虫正啃食观音座莲的叶子。

弯脉蟋的成虫随着虫龄的增加，其前翅的黄斑会渐渐褪去。

小黄蛉

Natula gorochov

科别：蛉蟋科

别名：小黄铃

成虫的常见季节：春季、秋季、冬季

鸣叫时间：白天

特征：雌雄虫体长约6毫米，全身呈金黄色至淡黄色；翅透明，几乎到腹部末端；后腿股节可见较深色条纹纵贯股节，接近膝部内侧有一斑点。雌虫前翅短，没超过腹端。

分布及栖息环境：普遍分布于亚洲，台湾中低海拔山区的低矮树丛及丛生草中可听到类似的鸣声。

声波图：

```
    1  2  3  4  5  6  7  8  9 (秒)
```

声波不高，表示音量小，每小段声波由两个声波组成，声波之间等高及等距，显示其声音具规律性。

声音评价：★★★★

野外听小黄蛉的声音是一种享受，它们通常是在大片草地上"唧唧……唧唧……唧唧"鸣着，尤其秋天微风轻吹时，整群鸣叫犹如铃声般悦耳。

另类接触：

在台湾北部山区经过大片的芒草时，经常可以听到小黄蛉的声音。但要捕捉它可说是一件高难度的事，因为其黄色的身体有点透明，体形又小，颜色和半枯的叶子色系相近，加上灵活的肢体动作，躲藏能力也不错，要发现它实在不容易。

第一次捕捉到小黄蛉是在短草的向阳坡地上，地面上有许多油桐树的落叶，很多声音就从周边的草丛中传出，但只要一靠近，声音就立刻消失。只能静静等待，但说也奇怪，它就是不再发出任何声音，于是先

向刚刚发出声音的地方吹口气，没有反应，又用手动了动周遭草地及油桐叶，果然一只小小的虫子从卷曲的油桐叶中跳了出来。我顺手将捕虫网扑了过去，虽说落了空，但它没有离开我的视线，只见它钻入另一个卷曲的油桐枯叶中。这回我轻轻用网子靠近叶子，再用手以神速的动作将叶子移入网中，只见它拔腿一跃进了网子，结果竟然一口气捉到两只雄虫。

小黄蛉的族群不少，除了栖身于高草上，它们也喜欢藏身于卷曲的阔叶当中。

小黄蛉对于气流的动静颇为敏锐，它们会不时以那对长长的触角感觉周遭的状况，只要有较大的动作或气流，它们马上躲藏在隐秘处。小型的身躯加上颜色，常令观察者失望而归，因此在野外若要看到它们的行踪，还是那句老话，"轻轻慢慢、小小心心"。

叶下是小黄蛉选择躲避的好地方，其双腿及触角打直、安静不动，正是许多直翅目鸣虫的标准避敌动作。

雌小黄蛉不时挥动长长的触角，以感觉周遭的情形。

双带金蛉蟋

Svistella bifasciata

科别：蛉蟋科

别名：林蟋、草云雀、唧铃子、金铃子

成虫的常见季节：夏、秋两个季节

鸣叫时间：白天

特征：雌雄虫体长约8毫米，头、前胸及尾须可见许多被毛，头部两复眼间有一褐色横条纹；前翅半透明，翅脉明显呈褐色，翅端不超出腹端。雌虫翅形短小，具有许多纵脉。

分布及栖息环境：日本、越南、中国皆有；在中国台湾的低海拔山区树林中，多半在竹林、树丛及叶面下活动。

声波图：

| 1 | 2 | 3 | 4 | 5 | 6 | 7 | 8 | 9 (秒) |

连续的细纹，表示音质纤细，有颤动的感觉；声波高度不高，表示其音量不大。

声音评价： ★ ★ ★

白天鸣叫，声音连续，极为细致，如"滴滴滴滴滴……"的连续声音。

另类接触：

　　双带金蛉蟋和人类的居住环境似乎可以很接近，第一次注意它是在十多年前。因为家近山边林缘，较潮湿的浴室中常出现双带金蛉蟋，尤其是镜子前的置物处，在多次的接触中发现，原来它喜欢吃甜甜的牙膏，而且浴室的水不虞匮乏，因此每到夏天，陆陆续续会有双带金蛉蟋造访，只要不打扰它，它就可以居住在此，而且还有"滴滴……"的声音可听，因此它的鸣声在我的童年成了夏天不可或缺的回忆。

　　每年八月初，台湾北部的竹林及树丛可看到许多双带金蛉蟋，甚至山区民家的庭院、木桌、椅面中，也不难听到其响亮的声音。到了十一月，野外的双带金蛉蟋只剩下零星的鸣声，而且只闻其声，不见其影，主要因为天气渐冷，它会找寻密生灌木丛栖息。

雌虫翅形短小，具有许多纵脉。

墨蛉

Homoeoxipha sp.

科别： 蛉蟋科

别名： 草铃、蚁铃、鸟铃

成虫的常见季节： 春季、夏季、秋季

鸣叫时间： 白天、夜间

特征： 雄虫体长约7毫米，雌虫略小，约6.5毫米，头小，暗红褐色至黑色，头胸间颈部明显，胸板及前翅基部呈暗红色，第三对足股部则呈白色。雌虫第三对足股部则一半白一半黑，前翅具数条纵纹。

分布及栖息环境： 类似种分布于亚洲各地，在台湾多生活在低矮草丛灌木中及阴凉坡地密生草丛。

声波图：

音量不大，连续的声波有细有粗，亦有密集的声波，表示其声音有急有缓，为没有规律的连续发音。

声音评价： ★★★

快速连动的声音，时大时小，节奏不一，常于坡地草丛中鸣叫。

另类接触：

墨蛉的身体修长细小，在北部山间草地常可听到其鸣声，由于体长不到1厘米，常会忽略它的存在。

首次看到它是在秋天，当时草中传来阵阵声响，时急时缓，向前观察，声音就停了下来，似乎很敏感，于是吹动草的基部，不久有一只双腿白色的小虫子爬到鱼腥草的叶面。它的长相很奇特，和一般的鸣虫有些不同，细细的身躯，透明的前翅和红色的前胸，整体感觉蛮漂亮的，只是小了点，要特别仔细才能观察到它。待其稍微和缓之后，我将网子伸出去，它一惊觉，朝着草间缝隙跳去。我用网子很快地扫了一下，过一会儿，只见五只墨蛉跑了出来，除了雄、雌虫外，还有体形更小的若虫。

墨蛉对于环境的适应性颇强，放在小瓶中饲养也会鸣叫。食物以杂食性鸣虫的喂养方式供给即可。

长翅纺织娘

Mecopoda elongata

科别： 螽斯科

别名： 台湾骚斯、络织娘、莎鸡、梭鸡、络织

成虫的常见季节： 春季、夏季、秋季

鸣叫时间： 夜间

特征： 成虫体长60～75毫米，有绿色和褐色两种，前胸两侧有黑色斑块，前翅幅度较日本纺织娘狭小，隐约可见到浅斑，后翅端超出前翅，前足胫节可明显看到听器。

分布及栖息环境： 东南亚热带地区及中国和日本的南部地区均有，在中国台湾分布于中低海拔平地及山区树林旁的灌丛或草丛。

声波图：

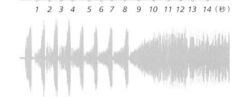

前半部可见声波由小变大再中断，声波密集，可知前段声音强而有力，变化大；后半部最初声音小，渐渐变大再维持稳定，声波上下可见到较多的间隙，表示声音不像前段密集扎实。

声音评价： ★★

特别的前奏，高亢有力，为秋夜带来特殊的气息。

另类接触：

　　在夏秋季没有下雨的夜晚，台湾北部山区公路周边的草丛里，常可听见许多鸣虫大声地叫着，它们的音量可说是鸣虫中的"大声公"，没有了它们，大自然的夏秋夜可能变得死气沉沉，这些鸣虫包括拟

遛虫时可以将长翅纺织娘放在盆栽上，它们会找寻食用的植物。

矛螽、日本纺织娘及长翅纺织娘。听到拟矛螽发出的"叽……"单调又持续很久的声音，会让人头痛，而外形相仿的日本纺织娘和长翅纺织娘的音量虽然大，但频率还在人耳可接受的范围内。

刚接触到长翅纺织娘时，一直以为它和日本纺织娘是同一种，因为它们的体形类似，出现的时间也有重叠。以台湾三峡安坑山区来说，大量的日本纺织娘族群，雄虫从七月开始鸣叫，一直到九月中旬开始渐渐减少；而长翅纺织娘的雄虫从八月底开始，一直鸣叫到十一月初才逐渐减少，而在八月底九月初时，人们常会将这两种鸣虫的声音"混为一听"。其实仔细听起来还是有所不同，尤其从前奏就可以听出两者截然不同的地方。长翅纺织娘的前奏会发出一次又一次先强后弱的有力节奏，后会紧接着正式的鸣叫；日本纺织娘的前奏则是平平的，可以持续很久，每当有一只正式鸣叫时，周边的雄虫也会跟着鸣叫。

由上而下分别为拟矛螽、日本纺织娘、长翅纺织娘。这是一张标本的侧面照，它们都是大型的螽斯，除了颜色的差别外，翅形也有所不同。

另外，长翅纺织娘的翅和日本纺织娘的也有所不同，长翅纺织娘的后翅超出前翅的长度，整体看来，翅端较窄且尖；日本纺织娘的后翅则不超出前翅，前翅宽圆。

它们的族群常栖息在山坡阴凉处，捕捉它们并不难，因为体形大，声音也大，很容易找到它们的行踪。因音量大，通常建议在野外观察较好。若要饲养，不要将雄虫关在同一空间内，因为它们会互相攻击，造成翅的损害。食性属杂食，一般鸣虫的食物皆可，偶尔可带到野外遛遛，由于它的飞行力较日本纺织娘佳，因此要特别注意，一不小心可能一去不复返。

日本纺织娘

Mecopoda niponensis

科别： 螽斯科

别名： 辔虫、宽翅纺织娘

成虫的常见季节： 夏季、秋季

鸣叫时间： 夜间

特征： 体长50～70毫米，身体有绿色及褐色两种。绿色型的头、胸、翅背及脚为褐色。雄虫前翅大，末端宽圆，绿色，后翅没有超出前翅；雌虫前翅较窄，末端有后翅尖突出。

分布及栖息环境： 东南亚热带地区及中国、日本的南部地区均有，在中国台湾分布于平地及山坡地草丛或低矮树丛。

声波图：

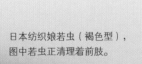

日本纺织娘若虫（褐色型），图中若虫正清理着前肢。

由声波图可看出声波的间隔深而密集，表示声音振动为快速的连动，连续没有变化的长时间鸣叫听起来音调颇为单一。

声音评价： ★★

音调变化小，声音大，和长翅纺织娘的声音类似，较适合在野外观察聆听。

另类接触：

初夏的山坡地，日本纺织娘的声音阵阵鸣着，热闹地回荡在山边，同时也不难发现栖身于乱草中的日本纺织娘，它们震天的鸣声似热油般沸腾，在山谷之间激荡不已。

日本纺织娘是夏夜鸣虫的重要成员，首次观察它们的感觉是"不鸣则已，一鸣惊人"。在安静的夜里，只要有一只日本纺织娘开始启动声音，周遭的同类也如波浪般发出声响，这种千军万马的气势会让观察者身陷声海之中，而当其声音停止，黑夜恢复无声，这种动、静之间的体验，真是妙不可言。

捕捉它们似乎轻而易举，由于音量大、体形也大，加上其活动地点多在低矮灌木中或草上，是十分容易发现的鸣虫种

同种的日本纺织娘，体色有不同的表现，除了颜色不同外，都有一样的外形。

类，其飞行跳跃的能力可能受体形的影响，跳不高也飞不久，常常往下滑翔。

和它们70毫米的体长相比较，体长约6毫米的斑腿双针蟋等小鸣虫真是小巫见大巫。除了长翅纺织娘、拟矛螽可以和日本纺织娘的体形一较高下外，台湾其他直翅目的鸣虫都远远比不上它。体形比较大的日本纺织娘，可以饲养在小型鸟的笼子里，只要在底部加些草，即可成为不错的饲养居所，而定时将其把玩于手上或是遛遛虫，也可建立很好的人虫关系。

日本纺织娘的体形大，
放于手上把玩也颇有分量。

悦鸣草螽

Conocephalus melaenus

声波图：

1 2 3 4 5 6 7 8 9 (秒)

声波不高、短细，音量小而细微。

声音评价： ★ ★ ★

声音轻轻淡淡，如果将声音放大，可听见类似直升机飞行时的声音，虽不像蟋蟀那样多变化，却也充满生机。

科别： 螽斯科

别名： 黑翅细蟴

成虫的常见季节： 春季、夏季、秋季

鸣叫时间： 白天

特征： 体长20～25毫米，身体为绿色或黄绿色，头、背、复眼、前胸背皮及侧板上部、前翅及后翅端部、后足关节均为黑色，三对足的胫节为棕色。雄虫尾须呈钩状，浅黄白色。雌虫的产卵瓣呈刀状，平直。

分布及栖息环境： 分布于东亚、东南亚等地，在台湾常见于平地及低海拔山区的灌木及草丛间，雄虫白天鸣叫，声音连续，非常容易发现。

另类接触：

　　悦鸣草螽在野地的数量很多，通常在稍高的草地上可看到其踪影，只要温度许可，便可听到它们的鸣叫。令人印

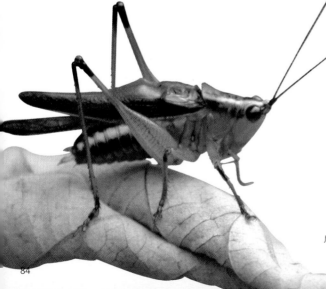

成虫喜爱在草上或灌木上鸣叫。

象最深刻的是若虫到成虫之间的颜色变化，若虫时期头胸部有美丽的亮红色，脚的部分呈黑色；终龄时红色部分渐渐转为暗色；成虫后，头胸部及后腿的一半则带着绿色，每次的转变都特别让人感动。

　　第一次观察悦鸣草螽时，发觉它的行为与动作都很有趣，当时它正在棕叶狗尾草的茎上高鸣着，我一靠近，它开始慢慢转动身体跑到草茎的另一面，当我再次往前时，可能是它的视线被草茎遮挡，并没有移动，仍在那里快乐地鼓动着前翅。我轻轻吹了一口气，它也只是停下来并往上爬，再吹一大口气，它才有所警觉，同时马上跳入周边的草丛中，快速溜进草的基部。不过因为我居高临下，它的一举一动都看得清清楚楚，再次用手接近试探时，只见它连续跳动并钻入较远的草丛中。悦鸣草螽通常不会马上逃跑，它会先找掩蔽物，只有深感威胁时，才会钻入草丛深处。

　　悦鸣草螽的饲养观察也很有趣，它对环境的适应力颇强，捕捉的当天就会鸣叫。由于是白天鸣叫型的鸣虫，作息和我们比较接近，而且声音并不像大型螽斯那样尖锐，不论放入虫笼还是通风容器中，它都可以活得很好，是一种让人爱不释手的宠物。

若虫后期渐渐转成暗色。

悦鸣草螽对环境的适应力颇强，不论在笼中还是狭小的塑料瓶中，白天都会发出阵阵鸣声。

若虫时期身着美丽的亮红色。

黑膝草螽

Conocephalus gigantius

科别：螽斯科

别名：草螽、短翅细螽

成虫的常见季节：夏季、秋季

鸣叫时间：白天

特征：体长18～22毫米，身体侧边大多为翠绿色，头、胸、腹的背部及前翅则呈褐色，复眼部分大且明显，后腿关节部分呈黑色。

分布及栖息环境：分布于亚洲低海拔山区灌木、高草的上方位置，在台湾分布于北部低海拔山区近水的周边阴凉坡地的高草及低矮树上。

声波图：

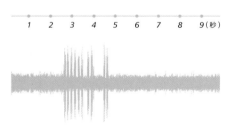

1 2 3 4 5 6 7 8 9（秒）

鸣叫时间不长，发声时每个声波明确，停止和鸣叫时间等长，音质及音量细微不大。

声音评价： ★★★

乍听之下和悦鸣草螽有些类似，但声音是一段一段发出，轻轻淡淡，放大音量听来，类似机关枪发出的声音。

另类接触：

黑膝草螽的长相、形态和悦鸣草螽有些相似，但仔细一看，头及身体各部位比悦鸣草螽感觉饱满，身体的颜色呈翠绿的光泽。常在灌木及高草顶端活动。成虫出现的季节不像悦鸣草螽那么长，约在夏末及秋天最多，但若虫早在四月份就有可能发现。

可能是它的敏感度较高，其活动范围总和人保持一些距离。第一次看到的黑膝草螽就在较高的灌木上，当它感觉到昆虫网的阴影时，马上以很快的速度钻入深处。之后的几次总尝

试把动作放到最轻，轻轻慢慢再加上分段
式的动作，才得以接近它的身边，并且顺
利地捕捉到它。

　　在饲养上，它和悦鸣草螽很相似，
杂食性的它适应力也不错，给予小块的苹
果，它也会吃得很满足。其鸣声和悦鸣草
螽比较，较有段落的区分，而悦鸣草螽的
声音是连续不断的长音。

黑膝草螽雌虫产卵瓣和身体长度相当，
长长的产卵瓣，可将卵有效率地输送到
植物叶鞘和茎之间的夹缝深层。

初龄若虫的颜色显得特别翠绿，出现在每
年的四月底至五月初，其体形小，灵敏度
高，必须仔细寻找，才能发现其踪影。

非洲凤仙花也是黑膝草螽若虫的食物之一。

似织螽

Hexacentrus sp.

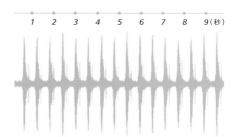

声波图：

```
1  2  3  4  5  6  7  8  9（秒）
```

科别：螽斯科

别名：棘脚螽斯、脊螽、爱困、似织、小纺织娘、小娘子

成虫的常见季节：夏季、秋季

鸣叫时间：夜间

特征：体长45～50毫米，全身绿色，复眼上半部、头顶及胸背可见到黑褐色区块，前胸可见前窄后宽的褐色纵纹，三对足的胫节上有明显棘刺，末端呈黑色。

分布及栖息环境：日本、中国的中低海拔山区均有，在中国台湾多生活在高草丛生的树叶间。

声波图中可看到一长及一短的声波，长的在前面且较粗，短的较细，紧接在长的之后。粗长的声波代表鸣叫时间较长且音量较大，细短的声波则表示时间短且音量较小，一长一短之间距离约等长，整体听来声音有有规律的节奏感。

声音评价： ★★★

特别的强弱节拍，一强一弱，在夜间山中显得格外突出，在直翅目鸣虫中算是声音极为特别的一种。

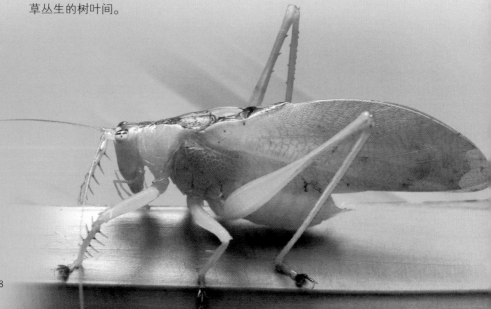

另类接触：

　　扎实有力的声音是似织螽让人印象最深刻的地方，每每夏秋的夜晚，山林草地间常可听到它的鸣声。头一回看到的是初夏时的若虫，其外形很可爱，眼睛、后腿及长长的触角占了整体的大部分，后脚上的棘刺粗而明显，成虫的外形除了体形变大之外，颜色也较深。虽然它的复眼看起来有点喜感，但观察后发现其实它并不是那么和善，因为比它小的虫子和它一起饲养时，常常成为它的食物，在观察饲养时，最好不要和其他较小的鸣虫一起混养。

　　大部分中大型的螽斯，除了会跳跃之外，也常展翅飞翔，因此捕捉时要特别注意它受惊扰后的反应，因为它突然的跃起可能也会让捕捉者吓一大跳。似织螽有不错的飞行能力，在山谷当中常可听到同一只似织螽在附近鸣叫，不一会儿又飞到另一处继续鸣叫。似织螽的

蜕皮后一段时间，似织螽的若虫表面仍泛着淡淡的粉红色光泽。

雌似织螽在两前翅交叉部位及腹端有一长刀状的产卵瓣，这是和雄虫外形不同的地方。

观察捕捉通常在入夜后，循声辨位后用昆虫网捕捉，它的声音在夜里和其他鸣虫比较起来颇不和谐，但是其超特别的声调，也造就了夏夜多彩多姿的气氛。

　　似织螽为杂食性，偏重于肉食，可以捕捉草中其他较小生物的若虫，除了可喂食米饭、水果、茄子等，小鱼干、鱼饲料也都可以。

日本条螽

Ducetia japonica

声波图：

1　2　3　4　5　6　7　8　9（秒）

科别： 螽斯科

别名： 褐背露斯、日本螽斯、经纬

成虫的常见季节： 夏季、秋季

鸣叫时间： 白天、夜间

特征： 体长30～40毫米，雄虫背部中线呈红褐色至黑褐色，除后足的股节为绿色外，其余足均为红褐色至黑褐色。雌虫则全为绿色，背部中线呈黄白色。

分布及栖息环境： 分布于东南亚各国、中国、韩国、日本，在中国台湾则生活于低海拔区域，成虫常在草丛上方活动。

前半程音波规律，到了后面的四分之三处，音纹波段密集度增加，在最后的四分之一段，可见前后音纹密集相连，声音由缓变急，后面收尾时停顿两段，结束时拖一小尾音。

声音评价： ★★★

最初的声音犹如直升机起飞的声音，而后快速降下停止，声音十分特别。

另类接触：

　　日本条螽是夏秋两季最常看到的螽斯类鸣虫，它身体的颜色和草相近，具有保护色，由于其体形中等，又常常在草顶端活动，因此很容易被人发现。每当有人走过及膝的草地，就可看到受惊扰的日本条螽，长手长脚地在草上爬行或者振翅而飞，它们迟缓的动作似乎连徒手捕捉都很容易。

　　尤其在五月的夜里到郊外走一趟，可听见一阵又一阵很特别的声音，最初如同直升机的飞行声，之后越来越快且急促，

日本条螽的若虫没有翅的披覆，可清楚看到其身上的明显纹路，横纹及直纹交错，因此又有"经纬"之称。

雄日本条螽（褐背）和雌日本条螽（白背）在春末夏初的草地上可以很容易找到。

最后停止下来，用手电筒一照，可见到它在草的顶端活动，而其族群的数量也不少，这边停止鸣叫，另一边又响起直升机要起飞的声音，就这样一阵又一阵地在广大的山坡草地上和着、唱着。

除了发现成虫外，也有许多若虫会在四五月同一时期存在。若虫没有前翅，其偏圆的腹部上有清清楚楚的直线及横线，整齐交叉的纹路，就如地球仪上的经纬线，因此又有"经纬"的别名。

日本条螽的身体有不同的颜色表现，雄虫的身体绿翅褐背，雌虫则绿翅白背，此外还有褐色型的褐翅褐背等颜色表现。这样的保护色调是演化的结果，在草丛中

过于突出的色调会增加它被鸟类或其他生物攻击的机会，这也说明为何我们看到的草栖昆虫大部分都栖息躲藏在和自己体色相近的地方。

饲养观察以通风良好、四边有网子的网箱或爬虫类饲养箱为佳，若以水族箱为饲养容器则要注意通风问题，在箱内可放置植栽供其栖息。食性为杂食，按一般杂食性鸣虫食物偏素食喂养即可。

走过野外的草地，受到惊扰的雌条螽正摆出伪装的姿势，一动也不动地将六只足张开，紧紧抓着草，若没有特别留意是看不到它们的。

竹草螽

Conocephalus sp.

科别：螽斯科

别名：绿竹螽斯

成虫的常见季节：夏季、秋季

鸣叫时间：白天

特征：体长20～25毫米，身体翠绿，头至前胸的背侧有一舟状图样，两侧为粉红色，前翅褐色，翅边缘为黄色。

分布及栖息环境：分布于台湾北部的中低海拔竹林中。

声波图：

发声时声波长短不一，音量小，波的高点有细微突出，因此可听见细致的"嘶——嘶——嘶"的声音。

声音评价：★★★

"嘶——嘶——嘶"的声音有长有短，声音细小，在竹林中此起彼落地唱着，尤其微风轻拂的夏日，让人感到暑意全消。

另类接触：

在夏秋季绿竹笋的盛产期，竹草螽总是在又高又密的竹林上方栖息活动，但想要一睹这位竹林乐手的庐山真面目真不容易。第一次发现竹草螽是在未经整理的绿竹林中横生的竹枝节上找到的，侧耳倾听如风吹动竹梢的声音"嘶——嘶——嘶——"。它的模样很可爱，浅粉红色的眼、翠绿色的身躯、褐色翅膀、黄色翅缘、黑色触角等组合起来，使五颜六色的体色格外出众。

捕捉竹草螽似乎有点困难，一是要克服竹子的高度问题，还有横生的竹枝及竹叶常会阻碍捕虫网的使用，密生的竹林原本就是竹草螽得天独厚的隐蔽居所，让它们可以有恃无恐地快乐鸣唱。

饲养要通风良好的环境，同时要加上插在水中的小段竹枝叶，它们会食竹叶嫩芽，偶尔给它们一颗鱼饲料也很好。白天它们会悠闲鸣唱，晚上突然打开灯，等待几分钟，也会开始发出鸣声。

LESSON
5

网罗优秀音乐家

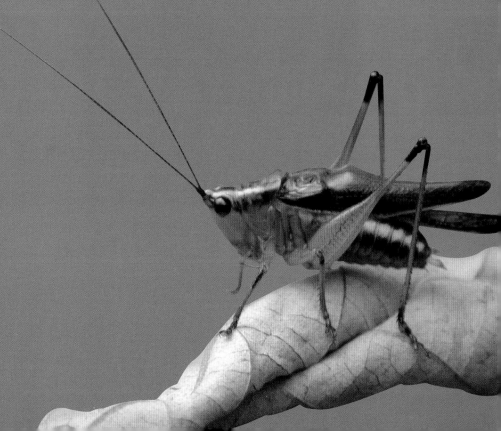

户外的发现与采集

台湾的四季温暖，南部属于热带气候，北部为亚热带气候，只要温度在20摄氏度以上而且没有下雨的日子，都是观察鸣虫的好时间，一般以春、夏、秋三季种类最多，而冬末较少。

观察及捕捉鸣虫是件好玩的事，但也别忘记自然中仍然充满了危险，除了观察及捕捉鸣虫的基本装备外，最好先熟悉活动的地点，以确保安全。

不论何种季节，当您要进入草丛或树林时，长袖衣服、长裤、帽子、雨鞋等用具是必需的，长袖衣服、长裤可以防止与蜘蛛、小虫子及草丛树林中的杂菌等直接接触，避免造成咬伤或过敏，而雨鞋或胶鞋可避免踏到积水及防止蛇的攻击。此外，棍子可作为试探用的工具，"打草惊蛇"是进入杂草中必要的动作，尤其在夏天蛇类活动旺盛的时期，同时进入林间也可除去挂在树木间的蜘蛛网。

在自然中活动，潜伏着许多危险。图中的翠青蛇较温驯且无毒，但在自然环境中，许多危险都是如此隐藏的。

很多毛毛虫的口器或毛，会造成我们身体的过敏反应。

听音辨位是找寻鸣虫的要点，若能找到其位置，又了解其行为动作，观察捕捉将会更加得心应手。

基氏细猛蚁尾端具有螯针，常成群出现，一旦被蜇，就是强烈的剧痛。

山区有许多蜘蛛会结网于树木间，行进时稍不注意就可能黏得满头满脸。

听音辨位密技

　　野外听到虫鸣时，可以朝声音的来源缓步前进，接近时，音量变大，须停下脚步，改以身体及头的轻轻转动，以进一步确认鸣声位置。当耳朵和声音来源成一直线时，音量往往大且清晰，此时将目光或手电筒移至声音来源，你将很容易看到正在鼓动双翅的鸣虫。

虫声停了，怎么办？

　　鸣虫有敏锐的触角及听器，当它们感到周边环境的压迫及变化（如风吹草动或动物身体的热量），它们会暂时停止鸣声，此时放轻呼吸，耐心等待几秒或几分钟，大多数鸣虫会因感到威胁消失，又开始鸣叫。

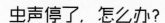

观察与采集的装备

笔记本

录音机： 可录放的随身听较佳，在捕捉观察前先录一段鸣虫声音作为记录。

相机： 将鸣虫、植物及周边环境翔实拍下，最好有近距离拍摄功能。

塑料瓶： 适合观察中小型鸣虫。事先在瓶盖上挖一小洞，以利于通气。装有鸣虫的瓶子，要放于阴凉通风处，不可让日光直射。

昆虫箱： 适合观察大中型鸣虫。底部放置一些草，可减少鸣虫紧张时用力跳跃而造成的伤害。

封口袋： 适合观察小型鸣虫。透明的封口袋为近身观察鸣虫的用具，空间狭小且压迫感大，虽然可看清楚鸣虫的细微处，但不要将鸣虫置放太久。

放大镜： 便于观察较小的鸣虫及若虫，或是对细微部分进行观察。

笔记本： 记录是观察重要的步骤，应记载观察日期、时间、地点、周边环境、鸣虫种类及形态、当时鸣虫的活动状况等。

依体形大小区分鸣虫

大型鸣虫： 体长 30 毫米以上，例如花生大蟋、长翅纺织娘、日本纺织娘。

中型鸣虫： 体长 14~30 毫米，例如云斑金蟋、优兰蟋，以及大部分蟋蟀科和螽斯科螽斯。

小型鸣虫： 体长 14 毫米以下，例如蛉蟋科、针蟋亚科蟋蟀。

了解鸣虫的体形大小，在野外观察时有助于发现其行踪。

在野外进行鸣虫的采集时，需要昆虫网、小塑料瓶、雨伞、手电筒等捕虫及装虫的用具。昆虫网的使用可说是成功的关键，长网比较笨重，适合捕捉跳跃能力强或在虫儿密度高时使用，鸣虫若进入长网，深入底部则难以逃出；较浅的短网比较轻便，但被捕捉的虫儿会在网中跳跃挣扎，很可能逃出网外，因此浅网比较适合单只的采集或是白天在平坦草地上的捕捉。

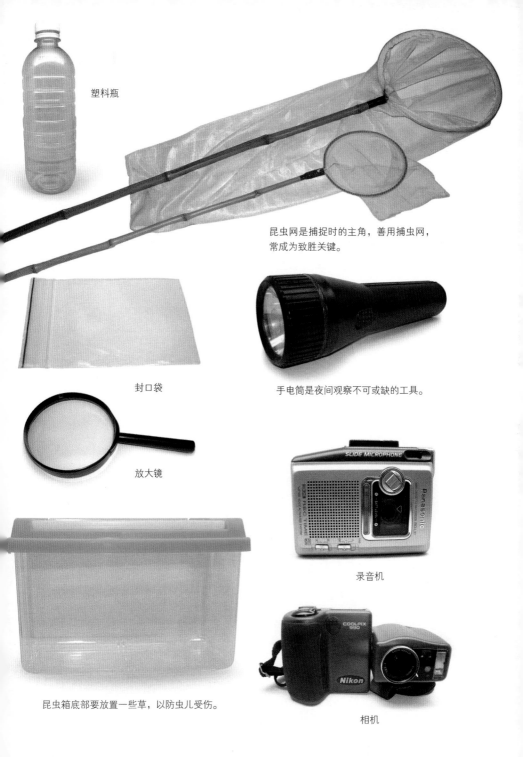

塑料瓶

昆虫网是捕捉时的主角，善用捕虫网，常成为致胜关键。

封口袋

手电筒是夜间观察不可或缺的工具。

放大镜

录音机

昆虫箱底部要放置一些草，以防虫儿受伤。

相机

各种栖息地的捕捉技巧

捕捉法

徒手法：适用于短草地栖中型鸣虫及草上中型鸣虫，例如黑脸油葫芦、悦鸣草螽等。这是最原始也最具挑战性的方法，由于捉虫时手劲力道不同，容易造成小虫子的伤害，一般在地上发现鸣虫时，将手掌拱起直接盖住鸣虫，它的本能反应会往上跳，当手掌心感觉到它时，要迅速将拱起的手轻轻握住，注意不可用力捏。至于在草上方的鸣虫，则用微微拱起的手掌向鸣虫的侧面快速扫过，当接触到虫时，将拱起的手快速轻轻握住。练习时，可用常见的蝗虫来练习，试着感觉一下小虫子在手中挣扎时力道的拿捏。

日间虫网捕捉法：适用于采集日间活动的鸣虫。一旦在地上发现目标物时，轻轻慢慢地将网口斜放，朝向鸣虫的前方，另一只手则用于驱赶鸣虫，待其进入网中，将网口向下，鸣虫会往上方爬，进入网中，再以手收缩网口。

夜间虫网捕捉法：适用于采集夜间活动的鸣虫。利用一般虫子在夜间的趋光性，将手电筒放置于网子后方，网口对准鸣虫的前方或身边，另一只手则加以驱赶，鸣虫会感受到突如其来的动作，朝光的来源跳跃而进入网子当中。

日间虫网捕捉法。

夜间虫网捕捉法

雨伞捕捉法：适用于日间草栖中小型鸣虫及草上鸣虫，用一般的塑料雨伞来捕捉草地上的鸣虫，最好用单一的素色伞，这样可以清楚看到小虫的样子。只要将伞打开，倒放在草地上，并且在周边驱赶，就可以看到许多鸣虫往伞中跳。用此法常可捉到亮褐异针蟋、墨蛉、日本松蛉蟋等。

灌水法：适用于花生大蟋的采集。花生大蟋挖洞时会留下一堆高高的土冢，将其拨开，可看见土洞，再用水灌注，灌水量需要很多，待土洞内的水饱和溢出时，继续注水，让水量维持饱和状态，持续十余秒，停止注水，可见到土洞中的水慢慢消退。幸运的话可马上看到花生大蟋爬至洞口，再以铲子朝其后退路径挖下，以阻断其退路，这样可轻而易举地捕捉到它。

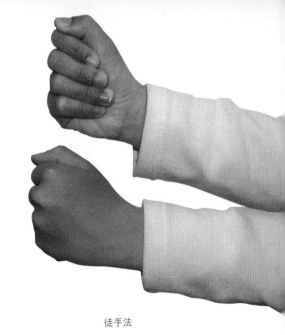

徒手法

诱捕法

诱捕优兰蟋：优兰蟋常躲在洞中，只要在其出现的旺季，以小截竹子（可容下优兰蟋）或木头钻洞，挂放于出没处，几天后，它就可能会寄住于其中，只要轻轻将其取下，放入容器，就可捕捉到优兰蟋。

地栖、草栖、树栖鸣虫：将食物置放于野外，等待出现后再加以捕捉。常用的食物有西瓜等瓜果类及花生酱等，此法除了吸引鸣虫出现，也可能招来大量蚂蚁。

雌虫诱捕法：可将饲养一段时间会鸣叫的雄虫或录音机放于地上，利用雄虫的鸣声引来附近的雌虫，再用虫网捕捉。

观察及记录

鸣虫的种类繁多，笔者将鸣虫的记录简单分为现场观察记录及饲养观察记录，这两种记录都有录音的辅助，这是观察鸣虫和其他昆虫不同的地方。

捕捉现场记录的内容，除了录音、日期、天气、种类、特征、发现地点及环境外，还可加上捕捉时的方法及过程。

饲养观察记录则着重于录音及声音区别、布置的环境、食物、鸣虫的适应性、鸣叫时间、肢体动作及行为等，而生活史也是重要的观察之一。

有了以上的观察记录，经过一段时间后再综合整理，就可以成为一份完整的鸣虫档案。

将小竹筒放置于优兰蟋发出声音附近的隐秘林间，在其中放几颗鱼饲料，引诱优兰蟋进入后居住在这里。

LESSON 6

打造鸣虫音乐国

鸣虫的饲养

黑膝草螽可爱的模样令人爱不释手，
经由日常生活的照顾，虫儿将会更亲近您。

鸣虫观察的原则

观察鸣虫是一件有趣的事，但对大自然的维护及饲养的鸣虫需有责任感并应遵守以下观察原则：

1. 尽可能进行野外实地观察，若要饲养观察，绝对不要滥捉。

2. 饲养前必须先了解其种类及生活环境，并且创造鸣虫的最佳居所。

3. 饲养时，一定要有充分的食物及水，并且每天更换新的食物并加以清扫。

4. 要搬移饲养容器或观察时，请将动作尽量放小，以免虫儿受到惊吓。

5. 观察后若不饲养，应原地释放。

给宠物鸣虫适当的环境及照顾，关系着它们的舒适与幸福。因此，观察饲养鸣虫前，除了要遵守观察原则，还要对饲养鸣虫的种类、特性及空间环境的选择做一规划，而持续性的管理照顾更是不可或缺的工作。

鸣虫人气排行榜

以下排行名次是笔者饲养鸣虫多年的结论，整理出来供读者参考。

鸣声优美排行榜：

1 日本钟蟋　2 云斑金蟋　3 奥蟋　4 黄脸油葫芦　5 树蟋

造型美丽排行榜：

1 悦鸣草螽若虫　2 奥蟋　3 弯脉蟋　4 优兰蟋　5 斑腿双针蟋雄虫

容易饲养排行榜：

1 蟋蟀科　2 针蟋亚科　3 日本钟蟋　4 优兰蟋　5 悦鸣草螽

容易捕捉排行榜：

1 日本纺织娘　2 长翅纺织娘　3 悦鸣草螽　4 斑翅灰针蟋　5 亮褐异针蟋

饲养环境的重要性

掠食性极强的似织蟊，正用尖锐的大颚吃着刚捕获的蟋蟀，这种情形在野外也常发生，因此对于鸣虫的混养，要注意各种鸣虫的特性。

通过前面几章的介绍，我们对鸣虫已经有了初步的认识，了解它们生活的环境，有助于我们对饲养环境的布置。不同种类的鸣虫，生活环境亦有所差别，例如日本钟蟋常栖息于树下的石堆或密生草丛间，当我们要布置环境时，可在容器中放一些石头或瓦片，并堆叠起来，其中的空隙适合其躲藏及栖息；悦鸣草螽常出现于草丛上，由此推论其生活环境为通风较佳的地方，因此应选择一个通风的环境，再种植一些草，让它有个快乐的栖所。鸣虫对于满意的居所会有一个指标性的回报，那就是它们愉悦的鸣声，而这也是饲养鸣虫的主要目的之一。

用水族箱创造出鸣虫的家，既能欣赏造景，又有虫鸣声可聆赏。

模拟鸣虫在自然界喜爱的环境时，我们设法将其缩小置于容器中，可简单分成下列四种：

地下的环境：鸣虫会掘洞深入地下。例如花生大蟋、蝼蛄。

潮湿的环境：鸣虫族群常在密生的草间或靠近水沼边的草间活动。例如亮褐异针蟋、日本钟蟋等。

干燥的环境：鸣虫族群常在植被少、裸露的石堆间活动。例如蟋蟀科大部分鸣虫、斑腿双针蟋、斑翅灰针蟋等。

通风的环境：在树上或草上活动栖息，生活的条件要相对通风。例如树蟋、蛉蟋、鳞蟋及螽斯类。

悦鸣草螽常常出现于草间上层。

其实饲养鸣虫并不困难，失败的原因常在于管理上的疏忽。比较常见的疏忽，例如忘了加水，让鸣虫渴死；忘了放入食物，让鸣虫饿死；没有打扫环境，使排泄物及剩余食物发霉，让鸣虫就像生活在垃圾堆中；高密度的饲养，造成鸣虫同类相残。这些细节如果稍加注意，相信你也可以成为饲育鸣虫的能手。

日本钟蟋常栖息在草丛或石堆缝隙间，在夜间活动鸣叫。

营造饲育环境

饲育空间决定着鸣虫活动的范围，可依鸣虫特性，来选择需要的大小及用途。

玻璃水族箱：

以两尺长的水族箱创造环境是不错的选择，玻璃透明度佳，很容易看到鸣虫的一举一动，除了欣赏亲手布置的美景外，更可以听到鸣虫的声音。

优点：便于观察、欣赏，冬天时是一个不错的温室。

缺点：笨重，一旦通风不良容易造成鸣虫生病，尤其夏季持续 30 摄氏度以上高温时，易造成鸣虫死亡。

对策：温度保持在 20 ～ 26 摄氏度，高温时可置于空调房或阴凉处。

昆虫箱：

大部分是有机玻璃制的，透明度次于水族箱，携带观察方便，但不要用布去擦拭透明面，以免产生刮痕，其中的摆饰空间可依鸣虫种类及习性任意发挥创意。

优点：便宜，材质轻，携带、移动方便，便于观察。

缺点：易产生刮痕。

水族箱上加盖子，可防止虫儿逃脱，也可避免壁虎、蟑螂等动物的危害。

对策：内部清洁时先喷湿壁面，待脏污溶解后，再用软布或面巾纸轻压壁面，不要用摩擦方法清洁，以减少刮痕的产生。

网箱：

箱子三面为纱网，一面为玻璃，不论自制网箱或爬虫类饲育箱，其主要功能为通风，适合饲育草上及树上生活的鸣虫。

优点：温度和室温接近，通风。

昆虫箱携带方便，可以作为户外教学观察的好工具。

透明罐子：

家中的瓶瓶罐罐皆可应用，但尽可能选择透明度高的瓶子，并在瓶口加网。

优点：取得容易，携带、移动方便，便于观察。

缺点：空间较狭窄，布置景观时较不方便，夏季高温时不适合。

对策：瓶口较窄的瓶子，可以用长夹子将水竹叶等小型植物置入，饲养的鸣虫则以小型鸣虫为主。

塑料瓶：

可用于较小型鸣虫的居所，而其瓶口可加网子，因空间小，食物及饮水给予不易，通常只作为临时居所或野外捕捉时装虫的用具。

优点：取得最容易，携带最方便，冬季可作为小型鸣虫的居所，适合野外捕捉观察。

缺点：空间较窄，夏季高温时闷热。

对策：野外高温时，需将鸣虫放置于阴凉处，并时常打开瓶盖，以利于通气。

竹筒：

以欣赏声音为主，饲育一只雄虫，其发出的声音可经由高高的竹筒传出，产生回音。

优点：鸣叫时声音变得特别响亮。

通风的网箱，最适合饲养螽斯类的鸣虫。

缺点：观察不易。

小虫笼：

可用金属线或竹签自制虫笼，而空间
也可视鸣虫的种类和大小量身定做，
以笼子饲养鸣虫别有一番趣味。油葫
芦等蟋蟀科鸣虫因有锋利的大颚，易
将木制笼子咬坏，因此以金属制虫笼
较合适。日本钟蟋、螽斯类皆可用竹
笼饲养，最好在笼底置入垫料，可用
干草或报纸，以免因跳跃造成伤害。

优点：食物供给便利，携带方便，通
气佳。

缺点：底部平滑，附着力弱，鸣虫较
没安全感，供水必须特别注意。

对策：笼底置入垫料，并可置入小竹
筒供其躲藏，饮水要常常检查。

用小虫笼饲养可以随时将鸣虫放于手上把玩一番，
但要随时补充垫料、食物及饮水。

"一鸣惊人"的竹筒。竹筒也是欣赏
虫音的工具，将雄虫放于其中，鸣
叫时，声音显得特别响亮。

家中的瓶罐，只要加一层网子，即可作为观察虫儿生活的容器。

饲育环境的布置

材料：

灭菌后的沙土、石头、木炭、供给食物及水的容器、植物、枯叶。

基本需求的布置

地下的环境：

以花生大蟋为代表，底部沙土至少厚20厘米，沙土含水量保持20% ~ 25%。

干燥环境：

底部用干燥的沙土将饲养容器铺满，保持干燥；若要观察其繁殖，则将沙和土各一半混合，铺在容器底部约3 ~ 5厘米厚，沙土含水量保持10% ~ 20%。在沙土上放些不整齐的石头或枯叶，它们会躲藏在其中。

潮湿环境：

将沙和土各一半混合，铺在容器底部约3厘米厚，沙土含水量保持在25% ~ 35%。上方放置堆叠的石块，它们会在上面活动。

通风的环境：

底部铺干沙，植物以盆栽方式置入或剪一小段插于小水瓶中，并经常更换。

造景的布置：

将植物之美和鸣虫的声音相结合是不错的想法，一个造景鸣虫缸可以让家中客厅马上显得生气勃勃，植物不再单调，而鸣虫生态大片的上演，也仿佛将大自然的场景搬进家中。

植物选择：

植物不但可作为鸣虫的掩蔽物，也可能成为食物来源。不同组合的植物能增添小环境中视觉的享受，一般较耐阴的室内植物可直接种植于水族箱底土中；而需要光线

多肉植物及仙人掌适合干燥环境的布置。图中为石莲。

较多的植物应用小花盆栽植，并且每周拿到阳台接受日光照射一至两天，这样可使植物恢复生机，也可以用插花的方式，将剪下的植物插于水瓶当中，并经常替换。若在水族箱上加上灯具照明，也可补充一些光线，而且可使整体的景物更加突显，至于其他的布置及维持则有赖于您的巧思及经营。以下介绍笔者常用的几种植物，作为布置时的参考应用。

白纹草的绿叶配上白纹看起来特别干净、清新。

多肉植物：

如仙人掌、石莲等，适合种植在干燥的沙质土中，缺水时不会立即枯萎，光照要充足。

以切花的方式，可维持一至两周，右为血苋。

吊竹梅的颜色很特别，只要折一小节就可以成长。

水竹叶是生命力超强的植物，取得容易。

水苔生长在潮湿阴凉处，在造景的水池边种上它，使水池看起来更为自然。

网纹草种植于底层，可修饰高层植物下方的空隙，呈现热闹的气氛。

合果芋种植时用盆栽或小水瓶皆可，纺织娘会以它为食。

发芽三天的小白菜，可放入几只蟋蟀的若虫，观察其食用情况。

切花：

小瓶子装水，将植物茎干置放其中，如同插花一般，约 1 ~ 2 周更换一次，可保持植物的新鲜。

水竹叶：

多年生植物，绿色，好种好养，取得容易，只要折取一小段，扦插于有沙土的容器中，很容易成长。

吊竹梅：

成长快，叶面有银白色斑纹，叶背紫红，喜阴凉潮湿，其特别的颜色能使植物布置的色彩更丰富。

水苔：

有修饰的功能，因其喜爱潮湿，可密植于人造水池中或石头及枯木边，使整体呈现更为自然。

白纹草：

多年生草本植物，冬季叶片会呈现凋萎的休眠状况，半日阴性，地下有椭圆形块根，丛生的叶狭长，是小鸣虫躲藏的好地方，叶缘有白色的镶边，更为出色。

小精灵：

室内植物，是一种合果芋，多年生，心形的叶子，颜色由白色及绿色组成，茎呈蔓性，内有白色汁液，其密生的叶下也是小虫栖息的地方。

网纹草：

多年生草本植物，植株矮小，匍匐生长，绿底的叶子镶着白色网状纹路，呈十字对生，感觉清新自然。

禾本科植物：

棕叶狗尾草在野外常可见到，可找较小的植株，种植于小花盆中，在黑翅细蟴繁殖时适时放入，可观察到雌虫产卵于叶鞘。

小白菜：

小白菜是许多昆虫喜爱食用的蔬菜，除了可以直接供应小白菜叶，也可以把种子播种于观察箱中，或种于花盆，既可见到它成长的样子，又可让鸣虫食用。

禾本科植物的叶鞘，是草栖螽斯产卵的地方。图为棕叶狗尾草，野外常见。

造景 DIY

1. 准备两尺长的水族箱一个,沙及土、植物(可自行组合)、装水小容器、石头或叶子。

2. 沙土混合均匀后,装锅并放于火上杀菌及消毒,除去一些不必要的菌类及虫卵,加热并搅拌,使受热均匀,待表土稍干后冷却待用。

3. 将冷却的沙土放入清洗干净的水族箱底层,并且将沙土铺平。

4. 将植物依照高低做有层次性的布置。

5. 放入造景的小水池。

6. 初步完成的景观,显得不自然。可用喷雾器喷水,直到沙土的厚度湿润四分之一,此步骤相当于自然中的下雨。

7. 雨过天晴,感觉清新多了,再将小水池注满水,这样大致完成。下雨之后,茎较软的植物难免会倾倒,第二天看起来才会自然些。

8. 再稍做最后的修饰工作,可以在水池边种些水苔及吊竹梅等植物,让水池融入周边,看起来就更自然了。

9. 俯视。

10. 造景完成,第二天再小心地放入鸣虫。

11. 最后不要忘了加网盖以防止鸣虫跳脱。

环境造景范例及管理

白纹草造景缸（潮湿环境造景）：

以两尺水族箱为空间，底部以黑沙铺底，后高前低；后方密植白纹草，作为日本钟蟋白天藏身栖息的地方；以纸板放置鱼饲料，塑料瓶盖及犀牛造型器皿装水，供日本钟蟋食用。图中右方可见日本钟蟋正在觅食。

管理：上方要加盖，沙土湿度维持25%～35%，置于窗边，并以水族专用灯补充光源。

日本钟蟋若虫的觅食情形。

多肉植物造景缸（干燥环境造景）：

以一尺弧形水族箱为空间，饲养日本钟蟋的若虫。底部铺土比例为泥炭土2：珍珠石1：蛭石1，再以贝壳沙铺于最上层，左边种植仙人掌，右边则为石莲。石莲边缘有像容器的贝壳，最前面的装有饮用水，后方两个用来装食物。

管理：不加盖，约5～7天在植物根际注水一次（量不要多），沙土湿度维持0%～10%，装水的贝壳要保持有水，置放于窗边，并以水族专用灯补充光源。

 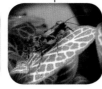

亮褐异针蟋的雌虫正在食 觅食情形。
用池塘边的苔藓。

仙人掌造景（干燥环境造景）：

以宽半尺的昆虫箱来饲养黄斑黑蟋
蟀。底部铺土比例为泥炭土 2：珍珠
石 1：蛭石 1，后方将仙人掌一字排
开作为背景，仙人掌前方放圆石，再
以塑料瓶盖作为饮水及给饲容器。

管理：土干后再注水于仙人掌旁，注水
量不要多，沙土湿度维持 0% ～ 10%。若
要繁殖可另取一小容器（装厚 3 厘米的
沙土），加水湿度约 25% ～ 35%，雌虫会
在潮湿容器中产卵。

混合植物造景（通风环境造景）：

以一尺弧形水族箱为空间，饲养亮褐异
针蟋及斑腿双针蟋。底部铺土比例为泥
炭土 2：珍珠石 1：蛭石 1，再以贝壳
沙铺于最上层，左右边种植较高的合果
芋，右边合果芋下方边缘种植网纹草，
左前方有一水池（以小塑料底制作），
周边种植苔藓植物，单调的绿色植物中
间加上红苋草，有画龙点睛的效果。

管理：上方要加盖，沙土湿度维持
25% ～ 35%，以水族专用灯补充光源，
可用电风扇吹（不要直吹）2 ～ 3 次，以
增加空气对流。螽斯类喜爱啃食叶片，需
随时补充或以切花方式供给食草。

饲养箱的保养及维持

当您完成一个鸣虫造景生态缸后，您就是这一小小世界万能的天神，您必须监控着箱中的生物之所需，而动物及植物赖以维生的基本条件，莫过于阳光、空气及水，若控制得好，植物族群将生长旺盛，鸣虫族群会繁衍不息。

以下针对鸣虫居所的各个组成部分，将如何维持及保养做一说明。别忘了，这是成为一个天神必须具备的。

光线：

光线可供应植物进行光合作用，对鸣虫的生理及作息也很重要。最好有一

当看到发霉时，表示太闷热且湿度高，解决的方法是将发霉物取出，并将容器放于通风、明亮的地方，食物最好能每天更换或控制食物量。

个水族箱专用的照明灯。开灯的时间要有规律，冬天可连续照射 8～12 小时，夏天则因照射时容器内部温度提高，应减少连续照射，并放置凉爽明亮处，如此除了可观赏植物的成长状况及欣赏鸣虫的声音，家中的空气也会因植物而变得更加清新。

空气：

空气要新鲜流通，夏季时容器易闷热，可以打开电风扇，使空气流动；昆虫对于空气的变化极为敏感，应避免使用蚊香等用品。

水及湿度：

饮水的给予是绝对必要的，最好用一个小容器装水，并且常常检查，适时补充。而鸣虫箱内底土的水分会影响空气的湿度，太湿会造成剩余食物及排泄物发霉，产生疾病，而直接种于底土的植物也容易腐烂；太干则植物会因缺水而枯萎，沙土的水含量保持在 20%～30% 较恰当。供水时，使用喷雾器不要喷到小虫子，也可由角落以灌注方式给予，但水分要和沙土保持一定比例，千万不要太湿。

沙土：

底部的沙土是植物生长需要的基质，也是地栖鸣虫的产卵处，因此土壤在放入水族箱前必须先消毒一番，一旦放入鸣虫后，保持干净是最重要的。鸣虫的食物可放于容器内，尽量避免

定期修剪植物，维持环境美观。

和沙土直接接触，以免造成污染。

植物：

植物是造景的主要成员之一，一般较高的植物可以摆在后方当成背景，矮小的可放于较前方，形成一个前后景的感觉，植物颜色的配置可使这小小世界更加丰富。植物会随着时间的增加而长大，定期修剪也是维持美观的必要工作。

食物：

食物的供给要定时，一天一次即可，若食物缺乏，虫儿会自相残杀；喜爱素食的螽斯及云斑金蟋，则要食用某些特定的植物，若食物短缺或给予不对的食物，可能会饿死。

鸣虫密度：

鸣虫数量的控制也是重要的，当您的箱中放入太多数量的鸣虫或因繁殖造成虫量大增时，鸣虫会去咬食箱中植物或互相攻击，造成景观上的破坏，因此控制鸣虫数量也是必要的。

除了这些环境要素的维护之外，还必须防止有害生物的入侵。居住环境中若有蚂蚁出现，要看是否有吸引蚂蚁的食物，必要时考虑在周围加一水盘，以防止蚂蚁入侵。饲育幼虫或较小型的鸣虫时，常会受到蜘蛛侵扰，因此清理食物时要注意是否有蜘蛛躲藏。而壁虎会进入饲养箱中攻击食用鸣虫，因此在箱外加一盖子是必要的。

密度太高，随着虫龄的增加，鸣虫们会相互造成伤害。图中可见许多断须的若虫。

当蚂蚁侵入容器时，对于鸣虫的伤害是全面且广泛的。平时保持干净，可以预防因蚂蚁觅食而造成的伤害。

食物的补给

直翅目的鸣虫大部分是杂食性的昆虫，蟋蟀类对于动物性食物需求较多，螽斯类则对于植物性食物需求多。动物性食物可以给予鱼饲料或小鱼干，植物性食物则给予蔬菜、苹果。这些基本食物的供应不虞匮乏，便可以将鸣虫饲养得很好。以下是笔者饲养鸣虫时最常供给的一些食物种类。

茄子、苹果、小黄瓜等食物用牙签串起后，垂直插于底部沙土，可以避免小环境的污染。

苹果：所有的鸣虫都能接受，不但有丰富的营养，而且含有大量水分，可以每天给予补充。

小白菜：鸣虫很喜爱青嫩的叶子。

小黄瓜：将其横切数小块，以牙签或竹签串起，竹签垂直立于土中，这样可防止沙土的污染，并供给鸣虫食用。

茄子：用牙签或竹签串起后供给。

泡饭：以水泡饭，待其软化后给予鸣虫食用。

鱼饲料或小鱼干：是蟋蟀类鸣虫蛋白质的主要来源，可以每天供应。若缺乏蛋白质，鸣虫会自相残杀。

蚊子、蚜虫：有时可捕捉蚜虫、蚊子等小昆虫作为营养补充。

除了以上食物外，可到野外找寻其他植物的叶子，观察鸣虫的食用状况并做记录，也可找到更多的食物来源。而越来越多种类的食物供应，也会使其营养更均衡。

以苹果、泡饭及小鱼干、虾仁、鱼饲料或狗粮为基础，再供应其他食物，就能满足爱虫的基本营养需求。

遛虫

除了满足爱虫食、住的需求外，行及娱乐也很重要。容器中的鸣虫最好让它出来活动一段时间，可以将它放在手上或盆栽上，或带到野外做一短暂的活动。不过，并不是每一种鸣虫都可以遛，我常遛的虫儿有日本钟蟋、长翅纺织娘、日本纺织娘、双斑蟋。在遛虫时有几项基本步骤一定要切记：

近身：这是一个重要的步骤，接近鸣虫时，动作要放轻，不可粗鲁及有太大的动作，如此鸣虫才不会因巨大的身影及突如其来的举动而惊吓得到处乱窜。

取虫：取虫时，必须依照不同的饲养容器用不同的方法。

　　水族箱中的鸣虫宜以双手轻轻接近饲养容器内部，双手慢慢将虫包围，如果它没有动作，可将手指慢慢靠近，并轻

打开笼匣，以小牙签将其驱出，并以另一手迎接。

轻触其周边地面，这样爱虫会自然地爬行到手上，此时再轻轻地将手伸出水族箱。

　　笼子中的鸣虫则需先将虫笼匣门打开，并以小牙签轻轻伸入笼中驱赶，使其爬到手上。

培养情感1：两手交替让虫在手上走动并熟悉手的感觉，它将不再惊慌。
培养情感2：再将其放于手中把玩一番。

收虫的动作更要小心，有些日本钟蟋会因沉醉于自然中而流连忘返，全部过程应将动作放轻。

培养感情：取出虫后，要缓和鸣虫的情绪并且和鸣虫培养感情。可以将其放于手上把玩一番，两手可轮流交替，让鸣虫在手上爬行。

试放：当感情培养到一定程度后，可将手上的爱虫放在桌上或笼上爬行，只要在它头的方向放上目标物，再以拇指及食指做一包围状并轻轻逼触，它就会往前。当其身体离开主人的手后，再以手放于它的前面，如此重复数次，让爱虫熟悉这种感觉。

遛虫：经过以上的接触，就可将虫儿放于盆栽上，让它在高草上或叶子上走走，有时虫儿也会啃啃植物。若要到野外遛虫，最好是人工饲养或相处一段时间的鸣虫，并且每次都要经过以上步骤后，才能将其放到外面。

收虫：遛完虫后，收回的动作也是以手轻放于虫儿的前方，有时它会自动爬上手，有时则要以手轻轻驱赶。虫儿爬上手后，也可以将食物放在前方，观察它吃东西，放入水族箱时则以一手接触到水族箱底部，再以另一手驱赶，它会沿着手跑回底部。如果是笼养，则可以先将虫儿放于笼前，再将其驱入笼中。

帮爱虫过冬

鸣虫到了冬季或温度低时，活动量明显降低，除了以卵过冬的鸣虫外，此时自然中的地栖性若虫会躲藏于地洞或石头下方，草栖类则躲藏于密生的草丛或树叶之下。而您饲养的鸣虫，也必须放入室内，并且减少食料的供给，但水的供应仍必须不间断。有些夏秋饲养的成虫在冬季死亡是一件正常的事，因为在大自然中，大部分鸣虫在秋天完成了延续后代的任务，在冬季来临或之前，都会一一死亡，为它们的一生画下完美的句号。

致谢

当初着手撰写《鸣虫音乐国》这本书时，发现台湾直翅目鸣虫的资料并不多。乍看之下，有一些鸣虫外形极为相似，但声音截然不同，因此亲自饲养、录音、比对数据就成为区别鸣虫的重要工作。以下所列的参考文献是以中国台湾现有的著作为主，次则以中国大陆、日本资料作为参考。最后幸得台湾对于直翅目鸣虫有深入研究、目前任职于中兴大学昆虫学系的杨正泽教授对于第四章的内容加以审订及建议，使这一本《鸣虫音乐国》得以顺利完成。

在此期间，家人的支持是最大的动力，大树出版社的专业编辑团队更使《鸣虫音乐国》能够有声有色地呈现出来，还有曾经帮助我的朋友，任健行、陈祈佑、丰哥、郭仕强及全佑动物医院院长陈专佑，在此致以谢意。

因个人所学有限，书中有不逮之处，希望各方不吝指正。

简体版特别鸣谢张韬对此书的审校和修正。

参考文献

杨正泽	《地栖蟋蟀及栖所保育》	台湾地区农林事务主管部门
杨正泽	《蟋蟀生态简介》	《农业世界杂志》第 193 期
张永仁	《昆虫入门、昆虫图鉴 1、2》	远流出版社
吴继传	《中华鸣虫谱》	北京出版社
夏美峰	《名虫玩赏》	百花文艺出版社
小林正明	《秋天的鸣虫》	信浓每日新闻社
加纳康嗣、冈田正哉、河合正人	《鸣虫》	保育社
监修：日高敏隆	《日本动物大百科 8·昆虫》	平凡社
录音：蒲谷鹤彦 / 摄影：栗林慧	《鸣虫声音图鉴》	山之溪谷社
编辑人：樱井良之	《世界文化生物大图鉴 4·昆虫》	世界文化出版社
编辑著作：相贺彻夫	《自然大博物馆》	小学馆

图书在版编目(CIP)数据

鸣虫音乐国/许育衔著.—北京:商务印书馆,2016
(自然观察丛书)
ISBN 978-7-100-12374-7

Ⅰ.①鸣… Ⅱ.①许… Ⅲ.①蟋蟀—普及读物②螽
斯科—普及读物 Ⅳ.①Q969.26-49

中国版本图书馆 CIP 数据核字(2016)第 160128 号

鸣虫音乐国

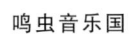

许育衔 著

商 务 印 书 馆 出 版
(北京王府井大街 36 号 邮政编码 100710)
商 务 印 书 馆 发 行
北京新华印刷有限公司印刷
ISBN 978-7-100-12374-7

2016 年 10 月第 1 版　　　开本 880×1230 1/32
2016 年 10 月北京第 1 次印刷　印张 3¾

定价:28.00 元